新形象・服裝設計系列叢書

時尚 服裝設計

新世紀的時尚流行趨勢

Fashion Design
Drawing Courses

Contemporary Fashion And Illustration Design

U0050170

CONTENTS

二十世紀是時裝工業開始的年代。時裝流行在此時展露出多樣豐富的面貌，有時嫵媚有時強悍、有時華麗有時簡約、有時復古有時創新，本書以圖畫的方式勾勒出新世紀服裝流行的軌跡，細細畫出時代的萬種風情。

序

時尚的主流價值和生活態度

什麼是時尚？怎樣才是流行？

在不同的年代中，時裝的意義皆不同，也因此給我完全不同的體認，從事服裝業這許多年來，這是一個令我不斷思考的問題，而這本書的誕生記錄著尋找答案的軌跡。

二十世紀初期時，在中產階級的興起及東西方藝術的融合、新時裝的發芽與建構中，時尚就是個新鮮事、是一種趣味；到了**20**年代，這時的女生像野丫頭一樣，愛跳舞、愛玩樂，我心想：對阿，誰說女生就要嫻淑優雅？也許，女人不壞男人不愛；在**30**年代時，露背裝將女性窈窕的曲線魅力完美呈現，女性魅力的展現，就是此時的時尚線條表現重點；到了**40**年代，可怕的戰爭帶走了美好的生活，但是卻意外的讓女性多了份陽剛味，呈現不同以往的戰地風情；**50**年代時，貴婦的生活與品味真令人嚮往，Dior華麗的晚禮服也很令人心動，這時的時尚極致奢華。

到了**60**年代，不論是俏麗的迷你裙、花花綠綠的嬉皮女郎，或是新奇的太空風潮，處處都是驚奇，「新」就是流行，年輕就是時尚；**70**年代時，很難不去注意那些把自己的髮型豎起成刺蝟狀的龐克少年，撕破的T恤，好像在說：別再叫我們把衣服穿好，我們覺得破破爛爛比較美；到了**80**年代，這時的職業婦女，穿著大墊肩套裝、戴上耀人的首飾，展現出獨立自信的風采，大女人形象成為時髦的象徵；**90**年代時，極簡的設計很能符合快節奏的城市印象，便利的大眾運輸，打造出零距離的世界，也使名牌精品的誘惑無所不在，在強大的媒體領軍下，名牌就是時尚。

跨越了千禧年，聖嬰現象、全球暖化 等氣候問題接踵而來，環保成為當下必須積極面對的問題，服裝設計師們也一同振臂疾呼。那時尚到底是什麼呢？

我想：時尚不僅是主流價值的展現，更是一種生活態度的實踐。

【服裝的演變】

1900　　　　1910　　　　1920　　　　1930　　　　1940

1950　　1960　　1970　　1980　　1990　　2000

Chapters 1

時裝的崛起 *1900~WAR I*

- 新藝術運動 (Art Nouveau)
- 俄羅斯芭蕾舞團的震撼
- 東方風格的影響
- 體育活動的倡行
- 英國・愛德華時代
- 第一次世界大戰
- 二十世紀初代表設計師

  Charles Frederick Worth (查爾斯・佛列德里克・沃斯)

  Jeanne Paquin (簡・帕昆)

  Jacques Doucet (捷克・杜塞)

  Paul Poiret (保羅・布瓦列特)

  Mariano Fortuny (瑪麗亞諾・佛圖尼)

二十世紀初發展與財富，是斬成熟，新的中會重視的繁瑣禮參予社會活動、更異化與個性的表豐富多變的服裝

期的西方世界正享受著工業革命帶來的個歡樂優美的時代。隨著社會經濟的日產消費階層正在崛起，不同於以往上流社節與優雅教養，新中產階級婦女更積極於有自我主張，對於服裝的需求也傾向於差現。就是這樣的新想法，開啓了二十世紀流行趨勢。

■ 新藝術運動

Art Nouveau

　　盛行於十九世紀中後期至二十世紀初期。相對於工業革命帶來的機械式線條，人們此時開始懷念自然世界中豐富的花草線條，因此風格中充滿了華麗的裝飾性，以及柔美浪漫的色彩。這樣的審美觀不僅適用於美術工藝活動上；也是WAR I之前，女性服飾的主流審美觀。

　　「S型曲線」創造的優美輪廓，是新藝術運動帶來的時代審美觀。為了符合S型曲線，當時的女性服飾使用寬大華麗的帽子、高領、馬甲、拖裙來創造S型前凸後翹的輪廓美。(圖左)

在 S 型的框架下，服裝形式上緊下鬆，體型上要求高挺的胸部、平坦的腹部、翹出的臀部，服裝的設計重點集中在面料的使用及花邊裝飾。束縛的緊身胸衣及繁複的裝扮細節，使婦女在活動上大受限制，可說是淪為了服飾的奴隸。

絕對白皙的皮膚，是當時社會對婦女美的要求，結核病的爆發意外的引發病態美的流行，為了要呈現蒼白的模樣，愛美的女性甚至會喝下醋和砒霜。

外出時除了配戴寬大的帽子之外，洋傘也是必備的裝飾物。同時，因為穿著束胸必須一直挺直腰桿，活動受限，婦女也會使用拐杖或洋傘來支撐身體。（圖左）

帽子的設計寬大華麗，頂部以裝飾昂貴的進口鴕鳥毛為風尚，同時也是財富及社會地位的象徵。

女性身體的裸露，在當時是不被社會允許的，日裝的穿戴上，由肩領到腳底皆包裹緊密；晚裝的設計，雖然可以裸露些許的肩及手臂，但仍會使用長手套包覆裸露的部位。

晚裝的設計以低領為尚，因此項鍊就成為重要的裝飾，首飾以珍珠寶石為主。看劇時，上流社會婦女會以扇子、面具、或是望遠鏡來裝飾自己及遮蔽容貌。（圖右）

■ 俄羅斯芭蕾舞團的震撼

1909年俄國芭蕾舞團在巴黎的演出極為成功，絢爛的色彩、新奇的造型對巴黎服裝界產生了革命性的啟發。（圖下）

傳統對於女裝高貴優雅的訴求也漸漸的動搖，灰暗典雅粉嫩的色彩、高領束腹、笨重的裙襬、白皙的裸妝…等，被鮮豔的色彩、低胸造型、簡單年輕的線條、個性鮮明的濃妝取代，服裝設計由此進入一個嶄新的時期，正式與優雅的美好年代告別。

■ 東方風格的影響

在十九世紀末到二十世紀初，整個巴黎皆醉心於東方藝術的氛圍中。日本海禁解禁，大量帶著東方神秘色彩的物品藉由通商流入歐洲，東方的裝飾風格影響了當時的巴黎設計界。

服裝設計上大量運用日本、中國、中東的服飾特點來設計，譬如：鮮豔大膽的配色、寬鬆的衣袖、東方的紋飾、窄小的裙襬以及對邊飾的運用。

陀螺裙

和服袖外衣

■ 體育活動的倡行

運動服裝在款式上需要更寬鬆，使身體達到更自由的伸展度，在面料上需要吸汗及舒適的布料。然而，傳統女裝緊身的上衣、拖長的裙襬、硬挺或易裂的布料，無法滿足婦女對運動服裝的需求，因此使婦女需要機能性更佳、更輕便的服裝。

在1913年左右，法國出現了一批專門設計女性運動服裝的設計師，香奈兒也是其中一位。而運動服裝的創新設計，也使女性服裝朝更便利更具功能性的方向發展。

腳踏車裝

射箭裝

第一次世界大戰之前，服裝以直線條筒
狀長洋裝為主，腰間綁帶，加上抽皺的變化，
女性從此時開始穿著沒有緊身胸衣的新服裝；
沒有了馬甲的束縛，身體更輕鬆自在，也顯得
更有自信了。(圖下)

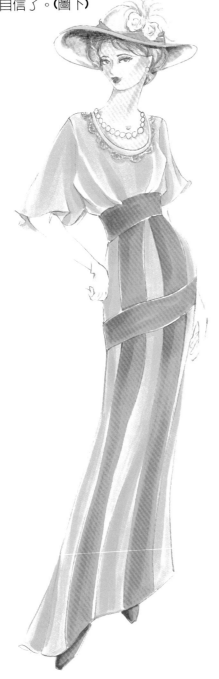

阿司闊長衫

■ 英國 愛德華時代

有別於父母維多利亞女王及亞伯特親王重視嚴謹的禮教的態度，愛德華七世擅長交際、喜歡奢華的社交生活及追求美貌的女子，元配是來自丹麥的亞麗珊卓公主（**Princess Alexandra**），是當時歐洲皇族中著名的美人，非常受到人民愛戴。社會觀念也較之前維多利亞時代開放，這是英國這個曾經是第一強權的日不落帝國，在遭受因**WAR I**而瓦解前最後的繁華。

黑色阿斯科特

1910年，愛德華逝世，熱愛社交活動的他，不希望因此取消在阿斯科特舉辦的馬賽，因此當天馬賽依舊舉行，出席的人都穿上黑色的衣服。

（圖左）

愛德華後期 (1908~)

腰線上移、服裝輪廓類似帝政式線條，內穿著長達膝蓋的馬甲，使女性曲線看起來更顯得纖細修長，外出時會帶上面紗罩甚至是護目鏡來隔絕路上的風沙。（圖上）

翻領的款式取
代 **19** 世紀初的高領。
（圖左）

1914年左右的標準穿著

吉布森女孩 Gibson Girls （1890-1910)

　　此風格出自於美國藝術家**Charles Dana Gib-son**筆下的人物，描寫當時擅長運動、思想開放，行為又不失莊重，兼具自信與美麗的一群女子，她們的裝扮上常穿刺繡襯衫下著長裙，領口會繫上鬆軟蝴蝶結或是領帶。（圖右）

■ 第一次世界大戰（1914~1918）

　　歐洲因為種族主義的紛爭而爆發了第一次世界大戰，戰爭遍及歐亞非，此次戰役造成了世界經濟權力重組，遠離戰禍的美國因此成為世界經濟及文化的重鎮，這場全面性破壞的戰爭也同時改變了舊時代的價值觀與對時尚的定義。

戰時工作服

　　戰時的服裝設計以實穿為第一考量，戰前的緊口裙變成寬大的鐘口裙；多褶裙及百褶裙的樣式方便走動很應時，長度上縮至腳踝上**2~3**吋；上衣加長蓋住臀部，多口袋的設計也加強的服裝的功能性。（圖上）

■ 二十世紀初 代表設計師

高級訂製服（Haute Couture）

　　最早出現於1900年巴黎世界博覽會上，博覽會中設立「典雅廳」，此時負責挑選參展衣服的設計師是簡·帕昆，挑選的衣服時髦新穎，並一改之前平鋪的展示方法，改用蠟製的模特兒穿著，使衣服的面料與款式得到更好的展示。

　　其中，杜塞與沃斯的作品最引人注意，他們的設計主要是針對歌劇演員、著名的舞台明星，因此設計極為華麗令人驚艷，雖然他們依舊仰賴束腹、維持傳統的S型線條，但是他們匠心獨具的細節裝飾及多變的款式，的確為服裝設計開啟一條嶄新的路。

Charles Frederick Worth
（查爾斯·佛列德里克·沃斯）

　　英國人，是第一位以自己的名字創立品牌的設計師，推出個人年度服裝發表，以這樣的方式刺激消費，建立客戶群，迄今依舊是服裝界最基本的行銷手段。

（圖右）

帕昆的女裝大方高雅，著名的「帝國風格」改變傳統的 S 型或 A 型女裝，嘗試探索新線條，她最經典的作品是奢華皮草系列。帕昆首創讓時裝模特兒在大型活動開始之前走秀展示服裝，在 **1914** 年時，在倫敦首創配上燈光與音樂的正式時裝秀，對當代時裝的表演形式有很深遠的影響，也將時裝表演提高到一個新的高度。（圖右）

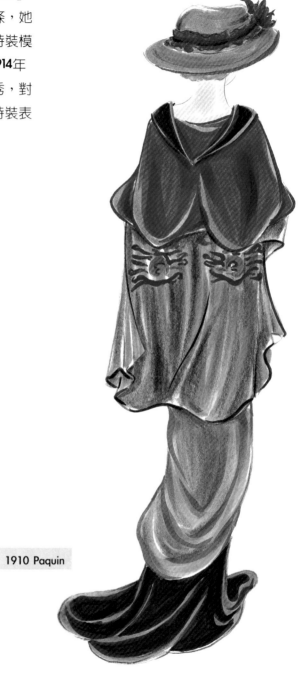

1910 Paquin

Jacques Doucet（捷克‧杜塞）

設計風格華麗高貴，時髦大膽，並有上流社會的品味，很受當時興起的富裕的中產階級及社交名媛的喜愛。（圖左）

■ Paul Poiret (保羅‧布瓦列特)

打破緊身胸衣的束縛,把女性身體從緊身胸衣的鉗制中解放,又發明胸罩來取代緊身胸衣;以肉色的襪子取代黑色的襪子,創造性感自然的感覺,在服裝設計史上具有劃時代的意義。 他是一位革命性的設計師,設計深受希臘及東方風格的影響,創造出直線條取代傳統的 S 型及 A 型線條。

1910農夫褲款

服裝用色上,以鮮明的配色取代傳統的粉色系,花紋也大膽強烈。推出的希臘風格時裝使女性感覺自然、典雅又年輕（圖左）。

而後，醉心於東方風格的設計，如寬大的袍仔、和服的寬袖、陀螺式上衣...等。在**1910**年推出了如同和服下襬的「蹣跚裙」（圖下），但是因為風俗民情不同，穿此服裝連上下馬車都很困難，不　　　方便活動，因此並未流行起來。

蹣跚裙

迪佛斯晚裝

Mariano Fortuny（瑪麗亞諾‧佛圖尼）

　　勇於探索的精神，啓發了許多設計師，如布瓦列特、三宅一生...等。迪佛斯晚裝（Delphos evening dress）是一個經典的作品；壓褶的處理手法，使衣服可以輕巧的摺疊收納，整件看起來樸實無華，卻又典雅雋永。(圖上)

Chapters 2

野丫頭的狂歡　　*WAR I 後~20年*

■ WAR I 戰後

　　結束了苦悶的世界大戰，雖然百廢待興，但是此時人民心理皆希望好好慶祝盼望已久的勝利，想要穿上華服、抹上濃妝，好好享受生活。同時科技日益發達，汽車、電話、收音機…等家用品大量普及，使人們對未來美好的生活更樂觀。服裝打扮上回復到**1910**年布瓦列特的東方風格，濃妝豔抹、華麗的飾品、大膽的配色，謂為時尚。

■ 二十年代妝容

　　配件的選擇上希望達到吸引目光的效果，因此長長的煙嘴，是時髦的形象、華麗的多圈珍珠項鍊令人眼睛為之一亮，另外粉盒、香煙盒…等隨身配件，也是個人品味的象徵。

緊小簡潔的帽子取代寬大華麗的帽簷（圖上）

1920東方風格 刺繡皮草外套

■ 女性正式長褲

在WAR I 之前，女性穿著褲裝外出是被認為不雅觀且不美觀的，但是在War I時，為了後勤工作方便，女性穿著褲裝變成理所當然的選擇。而在戰後，時裝設計也將褲裝當作一個主要的設計項目，這同時也是婦女權利解放的象　　　　　徵，但是在正式的晚宴及社交場合中依然是排斥女性穿著褲裝進場。（圖右）

戰後初期服裝和之前相比，較短小寬鬆、露出腳踝。（圖左）

WAR I 後流行的馬褲與長靴

戶外運動盛行，運動服裝的材質運用及
設計創意是此時服裝設計的重要里程碑。許
多設計師在此時都推出運動服裝系列，如：
香奈兒、讓 巴鐸。

沙灘裝

20年代流行露背泳裝

■ 咆哮的二十年代 (the roaring twenties)

　　整個20年代瀰漫著紙醉金迷、歌舞昇平的奢華生活，有聲電影及電視的發明，將人類的娛樂帶入新的階段，人們無視於過度消費帶來的經濟危機，終於在1929爆發經濟大危機，華爾街股市瞬間泡沫化，也結束了短暫歡愉的瘋狂年代。

女男孩

　　戰時男性人口大量損耗，此時女性人口比例遠遠高於男性，戰後女性開始投入工作、走出家庭經濟獨立，時髦的女孩形象是俏麗的泡泡頭短髮、腥紅的嘴唇、稚氣的臉龐、青春纖細的身材，女人們想要看起來像天使又像惡魔！賢淑的形象已不再，充滿誘惑的吸引力才是王道。(圖上)

1926-1927流行的Eton髮型

■ 二十年代服裝風格

瘦身裝 flappers

低腰線、膝下短裙、暴露的手臂及領口，穿著輕盈貼身的瘦身裝跳舞，最符合此時的時尚潮流。(頁圖)

為了達到消瘦苗條的線條，減肥蔚為風氣，同時造就平胸的流行，為了要壓平胸部，而設計出胸罩。另外，尼龍及人造絲的發明，讓服裝材質朝更多元發展，人們開始穿著尼龍製的肉色或淺色的長襪，宛如第二層皮膚。

有鞋帶的高跟鞋，好穿不易脫落，是針對跳舞而設計的鞋。

腰線漸漸下移，裙長漸漸變短。女
人的洋裝不再強調性感的曲線，轉而追求簡
潔年輕的線條。

琉璃串珠、下襬流
蘇是此時服裝的裝飾重
點。（圖左）

20年代後期流行裙尾加長；或
是拖著長長的絲巾，以顯示修長的線
條。（圖右）

■ 小黑衫 the little black dress

香奈兒在**1926**年設計小黑衫，帶起黑色洋裝的風潮，並發表於美國時尚雜誌，被喻為是「時裝中的福特汽車」，迄今依舊廣受歡迎，也是每季Chanel服裝秀的重點款式。

煙燻妝、長煙嘴配上多串的珍珠項鍊，是**20**年代的性感形象。（圖右）

1926 Chanel

■ 裝飾藝術 Art Deco

　　起源於1925年巴黎舉辦的世界博覽會，以幾何圖樣為創作原素，影響遍及建築、服裝、空間設計，是廣大且全面性的藝術風格。（圖左）

　　戰後的婦女參與工作、熱愛運動，爭取到更大的經濟權，受到戰時服裝的影響，寬鬆舒適到戰後依舊是穿著指標。戰後流行較短小的筒狀裙，簡單寬鬆的直線條，輕鬆又好活動。

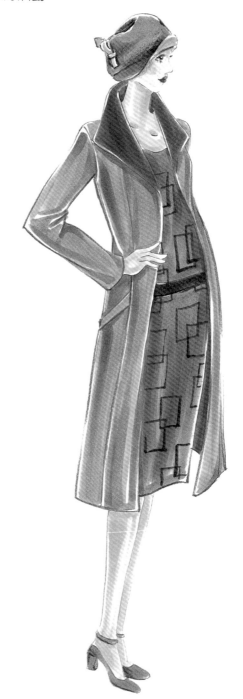

■ 二十年代 代表設計師

Madeleine Vionnet (麥德林‧維奧涅特)

　　設計上受到希臘風格的影響，典雅又飄逸。特殊的斜線剪裁法，使布料能夠達到更好的垂墜效果，也更能展現身體線的美感。她是第一位以人體為中心，使服裝去順應身體，在自製的小人體模型上實驗出面料與人體最洽當的結合方式，也是現代立體剪裁的始祖。設計出最精采的女裝，是僅用一塊面料、一條縫線即完成，設計功力令人驚嘆。**(圖右)**

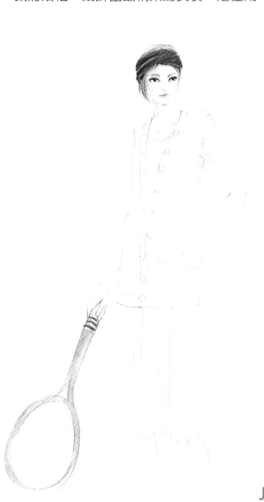

Jean Patou (讓‧巴鐸)

　　第一位真正的運動服裝設計師，因為設計了當時網球名將 **Suzanne Lenglen** 的網球裝而出名，橘色頭帶、打褶短裙、開襟上衣，都成為網球裝的經典設計。他在時裝設計上也十分成功，融入裝飾藝術及立體主義的風格，喜歡用強烈的色彩，是法國早期重要的時裝設計師。**(圖左)**

Coco Chanel（可可・香奈兒）

Chanel 的成功之處在於掌握時代脈動並勇於創新，在1910時設計了女性運動用褲裝，之後又設計出寬鬆的針織衫，俐落的短髮戴上鐘形帽，年輕灑脫的形象帶動了20年代的流行。靈感來源常取自男裝，運用男性內衣材質製作的長筒洋裝顯得格外俐落大方，經典的鑲邊外套及閃亮的釦子，創意來自於騎兵軍服。此外多采多姿的羅曼史也令人津津樂道，在二次世界戰時，因為與納粹軍官的戀情而被巴黎排斥，淡出時尚圈，1954年時重回巴黎，推出時裝展，被巴黎人嘲為「殘敗之牌」，但是美國的市場卻相反的大為激賞，此時她已經七十歲了，過人的活力與魄力令人讚嘆。

（圖右）

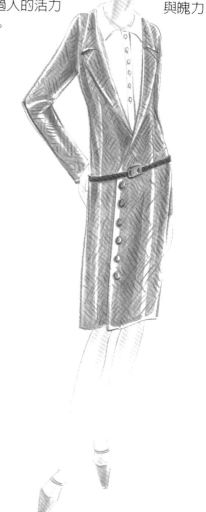

Jeanne Lanvin（簡・拉　文）

成名前是個沒沒無聞的裁縫師，可說是為了女兒 Ririte 而走上設計的路。當時的童裝只是縮小的成人服，而Lanvin設計出第一個專為兒童設計的服裝系列，天真活潑的氣息廣受喜愛，之後隨著女兒的成長開始設計正式女裝，年輕浪漫的設計，裙長至腳踝，十分典雅端莊，被稱為「風格之袍」（圖左），1926年開始設計男裝，是世界上第一位為全體家族成員設計服裝的公司。

好萊塢明星風情 *30年代*

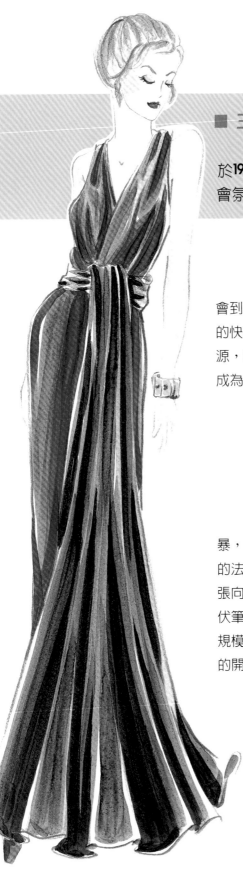

■ 三十年代 時代背景

　　30年代以1929年經濟大崩盤為開端，結束於1939年第二次世界大戰爆發，整個30年代社會氛圍是低迷又蕭條的。

　　經歷過世界大戰及經濟泡沫化的衝擊，人們意會到，現在擁有的一切都可能會瞬間消失，只有當下的快樂才是最真實的，因此人們開始尋找快樂的來源，而此時由美國興起的大眾文化－「電影」，順勢成為一種熱門的休閒娛樂，快速的征服這個時代。

　　泡沫經濟的影響，全球陷入一片失業倒閉的風暴，資源有限、民怨升高，極權主義趁勢興起，歐洲的法西斯主義、納粹主義、日本的軍國主義，這些主張向外侵略的極權主義，即為第二次世界大戰埋下了伏筆。美國總統羅斯福採取新政，以政府財力應付大規模失業與經濟衰退。最後，因為1939年的二次大戰的開始，結束了美國的衰退。

■ 三十年代妝容

　　厭倦了**20**年代男孩子氣的妝扮，在這個普遍貧窮的年代，過瘦平板的身材也已過時，此時的女生追求的是一種典雅又穠纖合度的女人味，大家紛紛將**20**年的短裙加長，以優雅合身的長裙取代了直筒短洋裝。

　　畫著彎長眉毛、弧形眼妝的嫵媚妝容取代了天真無辜的圓眼煙燻妝，所有的女孩希望透過化妝，讓自己變成性感又迷人的電影明星。

　　男孩子氣的短髮已不流行，此時流行女人味十足的捲髮造型。

■ 三十年代服裝風格

皮草流行

　　服裝流行在領口和袖口裝飾皮草，展現出上流社會的品味與財富，因為是流行，所以無分四季皆可用。同時因為晚裝的設計大多暴露手臂與肩頸，為了保暖，皮草披肩也應時的流行起來，其中最特別的是銀狐皮披肩，用越多條狐狸皮製作，代表越高貴，毛茸茸的長圍巾也是氣勢十足。此外，以皮草做成的四分之三裝 (圖左)，也很受貴婦喜愛。

　　手套與帽子是此時淑女出門時必備的配件，此時流行盤型的精緻小圓帽－貝蕾帽。(如圖)

■ 流線型

　　受到機械美學及實用的功能主義的影響，不論是汽車、帝國大廈、金門大橋的設計，都將繁雜多餘的細節去除，改用充滿了未來感的線條取代舊式的設計，因此簡潔又有曲線的流線型在**30**年代成為風尚。

■ 露背裝

　　好萊塢的電影審查制度，規定女演員前胸不能有過於暴露的開叉設計，因此設計師就將叉開到後背去，風氣一開，時裝界相繼仿效，謂為風潮。露背裝可以說是**30**年代追求苗條修長的身材、與嫵媚高雅的氣質之代表作。

■ 大墊肩風潮

1932年，女星Jean Crawford主演的" Letty Lynton"，由好萊塢設計師Gilbert Adrian為她選擇寬肩造型的服裝，將她過寬的肩膀變成個人特色，並修飾了過大的臀部。電影公演後，意外形成一陣大墊肩的風潮。

肩部大量的縐褶設計，有將目光向臉部聚焦的效果，寬肩造型在30~40年代成為熱賣商品。（圖左）

■ 流行單品

白色晚裝

　　Chanel 在20年代創造了小黑衫，在30年代帶來了白色晚裝的流行。白色的緞面質感，光采耀眼，百分百的目光吸引力，是女星走奧斯卡紅毯的最愛。（圖左）

褲型流行寬大嫵媚的褲裙套裝。（圖右）

1935 Chanel

■ 超現實主義的影響

　　超現實主義常取材自夢中的景象及不合邏輯事物，這種不合常理的幽默，是**30**年代很重要的設計創意養分來源。

　　將羽毛放至肩上，張開時呈現展翅飛翔狀。（圖左）

Elsa 超現實主義代表設計師
設計，有著大龍蝦的洋裝。（圖右）

■ 三十年代 代表設計師

Elsa Shiaparelli (艾爾薩‧西雅帕列理)

　　剛開始時是以設計適合工作的服裝為其設計定位，在招牌上寫著「為運動」，風格簡樸實用，與現在被人們記得的充滿原創設計感的「震撼的艾爾薩」十分不同。**Elsa**的設計來自於其良好的家庭教養及文化氣息，她喜歡文學喜歡哲學，對音樂美術和戲劇皆感興趣，與當代的藝術家結識，也對她的設計產生很大影響，譬如畢卡索建議她將報紙做為布料印花，在日後也成為風潮。

　　「震撼」一直是 **Elsa** 想要達到的效果，強烈的辣粉紅是她的代表色，**1938**年推出「震撼」香水，最後的服裝系列取名為「震撼的典雅」。對她來說沒有什麼是不可能的，阿斯匹林可以做成項鍊、蜻蜓可以當項鍊、鞋子可以當帽子，也是動物紋印花的第一人。服裝前衛有想像力又兼具趣味感，成功的將時裝與超現實主義結合。

　　她認為女性最脆弱的部位就是胸部與肩部，因此特別著力於這兩處襯墊及裝飾的使用，也是第一位設計出寬肩套裝的設計師。和 **Chanel** 並列為30年代最重要的兩位設計師，她們是當時巴黎社交界的核心，都很會經營及廣告自我形象，而這兩個女人之間水火不容的情形，也成為當時巴黎社交界的八卦趣談。

Chapters 4

烽火下的時裝   *40年代*

■ 四十年代 時代背景

　　WAR II (1939-1945) 1939年德國入侵波蘭，引發第二次世界大戰。日本在**1941**年底偷襲珍珠港，將中立的美國捲入戰爭，**1942**年納粹德國召開望湖會議決定消滅猶太人。恐怖的第二次世界大戰結束於**1945**年，美國用原子彈摧毀日本的廣島與長崎。

　　戰時物資匱乏，人們過著定量配給的生活，男性至前方工作，女性則接手男性的工作，並維持一家生計，平時工作時普遍穿上工作用的制服，布料也由柔軟奢華的絲緞，轉變為實用耐穿的棉麻。雖然只是暫代男性的工作，但是也由此開啓女性爭取平等工作權之路。

頭巾的流行

　　戰時女性大多無暇也無閒錢去上沙龍理髮，因此大頭巾成為風潮，利用大頭巾將頭髮紮起，髮型如何就不是重點了，省時又省錢，實用又好看，因此頭巾在此時成為了一股時尚風潮。(圖左)

■ 四十年代妝容

　　此時的女性非常熱衷化妝，希望自己隨時看起來容光煥發，好讓前線的情人看到她們美好的一面，同時有助於鼓舞士氣，因此化妝沒有因為戰爭而被忽視，反而因為戰爭的緣故，變得非常重要。

　　彩妝要求自然合宜，太過搶眼的造型都是不適宜的。眼影用色以淺灰、棕色為主，眉型也是微微修剪，而鮮紅的唇妝是最醒目的焦點裝扮。Arden也在此時推出了「忙碌女性化妝盒」，讓忙於工作的女性可以隨時整理妝容。

齊儂頭 (Chignon) 整齊大方好梳理，看起來又有精神，是此時流行的髮型之一。(圖上)

四十年代服裝風格

軍裝風格

　　1936年左右，國際間瀰漫著戰事即將到來的氛圍，設計師們也將設計簡單化，並加入軍裝方肩造型，此時女性由之前的柔美華麗的形象，轉變為具有男子氣概的陽剛氣質。

受軍裝風格的影響，肩膀成為裝飾重點，大量的裝飾擺在肩膀的位置，形成一種剛強的氣勢。（右上圖）

■ 制服套裝與厚底鞋

　　合身挺直的套裝，很符合戰時嚴肅與紀律的氣氛，無論權貴到平民都喜愛穿著。女鞋的形式以厚底高跟為尚，鞋跟主要以木頭材質製作，雖然比較重，但是價格比較便宜且又耐穿。（圖左）

■ 華麗的帽子

　　帽子是戰時女性最捨不得放棄的的小小奢華。頂上堆砌的羽毛、皮毛、花朵…等華麗的裝飾，與樸實剛硬的套裝成為強烈的對比。（圖右）

■ 大眾娛樂活動

電視發明於**20**年代，普及於**40**年代，此時開始有了全天候的電視台。而電影對戰時困頓苦悶的生活來說，是可以簡單取得的快樂，在缺乏社交活動的戰爭年代，電視和電影成為生活最佳調味劑。

招貼女郎

女明星們拍攝的性感的壁報叫做「招貼」，在戰爭時期很時興，是許多前線軍人的精神慰藉，公司為她們投入巨額保險金，收入甚至比電影明星還高。

風衣外套在戰時是很受歡迎的單品，禦寒又實穿，不管外出工作或是躲防空襲都很需要它。(圖右)

■ Dior 新面貌

在二次大戰後，克莉絲汀 迪奧（Christian Dior）無視於戰後的物資缺乏，大膽地加入二十世紀初美好時代「Belle Epoque」的元素，以黃蜂細腰、奢華用料，取代戰時的陽剛線條，並獲得廣大的成功，被美國 Bazaar 雜誌的編輯 Carmel Snow 譽為「新面貌」，也為優雅的 50 年代開啟序幕。

新面貌以柔和的肩線、纖細的腰身，再加上過膝蓬裙，將女人的曲線塑造成玲瓏有緻的沙漏型，Dior 自己形容這樣的女人為「花樣的女人」（Flower Woman）。

順應戰後女性對奢華生活、美麗服裝的渴望，新面貌的風格影響廣及各設計層面，當時出現了有腰身的桌子，鬱金香型的杯子…等。但是，其實新面貌是建立在舊觀念當中，當全世界沈溺於新面貌的同時，也出現了相當大的反對聲浪，反對者認為迪奧又將女性帶回馬甲裙撐的舊框架中，女性又再度的被嚴重物化。但是，不管批評聲浪如何大，女人還是那麼的喜歡迪奧的設計，因此迪奧每年推出新的主題線條時，都牽動著當時的時尚潮流。

1947新面貌・New look

■ 四十年代 代表設計師

Jacques Fath（雅克‧法斯）

1937年時開設一間小工作室，開始設計時裝，四、五十年代是其顛峰，可惜四十二歲時即因白血病早逝。不管是設計上及品牌經營都走在同時代的先端，譬如在1945年時開始網羅一群年輕有才氣的設計師作為副手，如 **Valentino**、**Givenchy**，也是第一位為美國市場設計成衣的法國設計師，並在巴黎開設價格合理、批量生產的成衣店。他曾說過：女人都是差勁的設計師，女人在時裝界的唯一角色就是穿衣服。

這各論點遭到 **Chanel** 的反譏：「不要由男人來告訴我們女人怎樣穿衣服，那些男同性戀只想把女生打扮成有易裝癖的異性。」（圖右）

1953 Jacques

Pierre Balmain（皮爾‧帕門）

Balmain曾說過：「時裝就是行動的建築。」17歲時到巴黎學習服裝設計，並於1945年創立同名品牌。喜歡淡雅的色彩及使用刺繡裝飾服裝，華貴大方的風格中具有貴族的氣質與上流的品味，風格與二次大戰後人們想要回復奢華的心情相符合，上層社會的貴夫人與淑女，都是他主要的客戶群。於1954年推出最受好評的代表作<漂亮夫人>系列，1980年榮獲<托尼獎-最佳服裝設計> 曾為16部電影設計服裝，並榮獲<百老匯劇院獎>。（圖左）

1954 Bailman

Claier McCardell (克萊爾‧麥卡德爾)

　　在 WAR II 之後，女性服裝的實用性與舒適感漸漸被重視。McCardell 在40 年代是一位知名的美國設計師，思想很具前瞻性，她認為服裝在視覺美感的要求之外，必須兼顧本身的實用功能。她的設計輕鬆年輕、富運動感，從不加墊肩，也不需穿調整型內衣塑型，斜襟剪裁是她最出名的特色。

　　愛用純綿等天然材質，常採用印有條紋的純棉布料。海灘裝及運動衫的設計舒適又實穿、款式富有設計感又不會太大膽，當時很受美國女性的歡迎。(圖左)

　　將美國大眾文化融入其設計中，如工人褲、印有漫畫及明星的衣服，也常運用現代藝術家如畢卡索、米羅的畫製成休閒服。

Chapters 5

美好的年代

50年代

■ 五十年代 時代背景

整個世界正漸漸地由 WAR II 中復甦，安定與重建是目前最重要的工作，許多西歐國家開始著手建立完整的社會福利制度，人們也更努力的追求美好富裕的生活，相較於前幾個不穩定的時代，五十年代又被稱為「美好年代」、「奢華五十」或「黃金年代」。

1950年的南北韓戰爭，使美俄這兩大強權爆發「冷戰」，開起了長期的軍備競賽及外太空探索的競爭，也將人類歷史推進到太空時代。

■ 戰後嬰兒潮（BABY BOOMER）

大量的人口在此時進入青少年時期，帶動了新興的青少年文化，同時伴隨這群人口的成長，他們的需求與喜好，牽動了整個世界的消費型態與經濟文化。

皮毛在50年代大量使用，是奢華與財富的象徵。（圖左）

■ 五十年代妝容

　　介於物資緊縮的**40**年代與年輕快樂的**60**年代之間，**50**年代是個分水嶺，宣告年輕 世代的來臨，同時也是高級訂製服興盛的最後十年。

此時的女性追求的是成熟嫵媚的女性魅力。厚厚的濃妝有著強烈的人為感、唇妝豐滿、上唇線微揚、眉毛前粗後細、頭髮長短曲直變化無窮，**50**年代末期流行把頭髮往後梳，髮膠的發明也使頭髮造型更得心應手。

小女孩也希望自己看起來更成熟，喜歡穿上深色衣服，畫上尖尖細細的眉毛，濃厚的妝感上有著鮮豔的紅唇，然後再燙個大波浪捲；而熟女們則對顏色的搭配很熱衷，不同的服裝會換上不同的彩妝。

奧黛莉赫本是清新優雅的完美形象代表，也成為**60**年代的流行指標。她常穿的黑毛衣平底鞋及金色圈狀耳環在當時十分流行，招牌的俏麗短髮「赫本頭」也成為髮型的流行。

■ 配件流行

金色及大耳環、平底芭蕾舞鞋與極尖高的尖頭高跟鞋同時流行，飾品設計上富有精緻多彩的浪漫情懷，常運用有顏色的寶石及金飾製作。

■ 五十年代服裝風格

50年代所追求的美好是很物質的，因此又被喻為「奢華五十」。富裕階層的貴婦們每天要換六、七次的服裝與配飾，打扮自己成為每日的生活重心。另外大眾消費的時代來臨，戰時的重工業轉向發展民生工業，洗衣機、電冰箱、汽車…開始成為大眾可以負擔的產品，同時因為戰後嬰兒潮的關係，家庭人口增多，大賣場也在此時出現，追求美好生活的同時，也大量刺激了消費市場。

■ 連身洋裝的流行

女性希望能更加的有女人味，也希望能多一些時間待在家裡，因此舒適的環境、雅緻的家飾，都是新生活所追求的。舒適又雅緻的連身洋裝很符合這樣的需求，在當時很流行。（頁圖）

手套是此時女性外出時必備裝扮，中長手
套配正式外套、長手套配晚禮服，面料使用最好
與服裝相同。

1957年間流行的瘦身裙

1958-59年間流行的蛋形輪廓

■ 雞尾酒服（The cocktail dress）

這是設計在比晚宴稍早一些的正式社交場合中穿著，設計重點是前胸較低，肩頸敞開，裙擺長至小腿，比晚禮服稍短，是介於正式晚裝及日裝之間的穿著，設計緊湊、穿著輕鬆，戴不戴首飾都可以。此為迪奧在1948年所推出的潮流，廣受各年齡層的女士喜愛。（頁圖）

1958 Dior

■ Audrey Hep burn 奧黛莉赫本

■ Capri pants 卡布里褲

　　卡布里褲、黑色高領毛衣、平底娃娃鞋，皆是奧黛莉赫本的代表造型。Emilio Pucci是卡布里褲的發明人，靈感來自於卡布里島上的漁夫穿著，是50年代時髦的摩特車女孩流行的穿著象徵。（圖左）

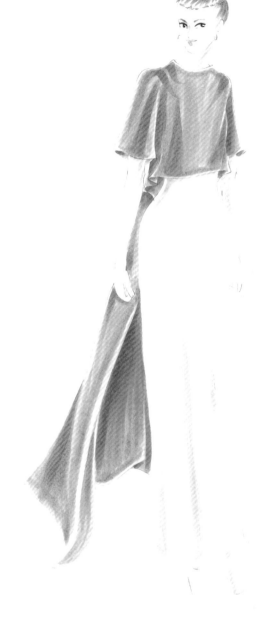

■ 赫本＆紀梵希

　　1957年，赫本主演的歌舞片 Funny face <甜姐兒>，開啓了她與紀梵希的合作。自此紀梵希成為赫本的形象設計師，為她打理螢幕上及台下的穿著，兩人的友情也是時尚圈的佳話。赫本如同精靈般慧詰的神韻，靈巧纖細的身形，在50年代時帶起獨具一格的「奧黛莉赫本風」（圖右）

■ 五十年代 代表設計師

Christian Dior 克莉絲汀·迪奧

　　迪奧可說是**50**年代時裝的代名詞，在**1949**年，百分之七十五的法國時裝出口都是他的作品。從**1947**年開始,每年春秋連續**11**年都推出一個新的設計系列，每次都造成轟動。他運用英文字母或是阿拉伯數字作為造型基底，此舉開創了**50**年代的線條流行趨勢。(圖右)

1950年S型套裝

迪奧是個成功的市場經營家，每年為不同國家、不同時裝店提供專有的特定設計，並會依據國情及地區性的差異做出設計上的調整，這種大規模國際性的經營，使他的設計遍佈全世界，並獲得全面性的成功。

設計的專利費用

迪奧創造了專利費用的制度，由每個售出的設計的設計專利中抽取一個百分點，他的經營目的很明確，他說：我要出售的是我的想法，而不是衣服，這個構想影響了全球的設計產業。

1955-56 泡泡裝

1957

Dior晚禮服的設計上常運用一層層的薄紗堆疊出圓蓬的裙型，並用尼龍作為裙撐，營造出十分夢幻的效果。看似輕盈的服裝實際上卻十分沉重，甚至可以重達30公斤，非常不好活動，就算是日裝也重達4公斤，似乎將女性帶回了十九世紀的枷鎖中，但是他對於襯裡及薄紗層次的處理技巧的確高超，Balenciaga 認為Dior在面料運用上是當代之冠（頁圖）

Valentino 范倫鐵諾

　　有句話說：「在羅馬，我們有教宗還有 **Valentino**」。**Valentino** 來自義大利，在巴黎學習服裝，並在「國際羊毛協會」的比賽中得獎，許多設計師如：聖 羅蘭、卡爾 拉格菲爾德，皆是由此發跡。熱情高貴的紅色晚裝，是令人過目不忘的經典款（圖左）

Charistobal Balenciaga
克里斯托·巴蘭齊亞加

　　在1910年時24歲的 **Balenciaga** 即在西班牙開設了自己的時裝店，1937 年西班牙爆發內戰，因此轉戰巴黎，並且立即得到成功。戰後又再回西班牙重新開始，他在 50 年代創造了許多經典:如佈滿刺繡的鬥牛服、羅馬式上衣，精確的運用斜線及曲線，使他的設計富有完整的結構　　性，被稱作「畢卡索式的時裝」　　，晚裝則帶有佛朗明哥的氣　　息。（圖右）

1965 VALENTINO

1955 Balenciaga

Chapters **6**

動盪年代 vs. 反骨嬉皮　　*60年代*

■ 六十年代 時代背景

　　國際爭端頻繁、情勢緊張，受到美俄冷戰影響的「古巴飛彈危機」、越戰、甘迺迪被刺身亡、恐怖組織猖獗…等，使反戰成為這時期人們的主要訴求；另外女權運動、同性戀人權運動、金恩博士帶頭爭取的黑人平等權、中國的文化大革命…等，也令時局動盪不安。

　　年輕人成為推動世界的一股重要力量。和成長在四、五十年代的父母相比，此時的年輕人生活無虞、但卻缺乏精神寄託，成長環境差異甚大的兩代人，在這個年代產生很大的代溝，因此反權威、反傳統成為一股思潮。當時流行的哲學是存在主義、流行的音樂是搖滾樂。年輕人追求標新立異，與眾不同，與追求典雅、高品味的50年代大大不同。

　　1957 年蘇俄率先發射第一顆人造衛星 Sputnik 1，開啟太空紀元。美國阿波羅1號隨後在 1969 年登入月球。

　　口服避孕藥在1961年發明，讓婦女在生育上有更大的決定選擇權。

　　輕巧年輕的線條，是60年代的追求。英國模特兒 Twiggy 是此時期消瘦美的代表。

嬉皮文化 (Hippies)

　　「Hippies」源自於搖滾樂團HIP（Hot in cool 的簡稱），是一群反傳統、反權威、喜愛搖滾樂的年輕人的代稱，服裝成為群體認同的符號。1967年「Summer of Love」以「和平」為集會主題，年輕人群聚狂歡；1969年「Woodstock」人數更超過四十萬人之多，隨之而來的則是無法控制的大麻濫用及毒品氾濫。

嬉皮形象

　　不論男女都留長髮，服裝上也是趨向中性穿著，喜歡從舊貨中找出新奇的搭配，流行紋身及身體彩繪，也帶起了美妝風潮。(頁圖)

■ 六十年代妝容

簡單高雅的妝容與叛逆頹廢的嬉皮，差異很大卻同為60年代的彩妝風格。重眼妝，所以超長濃密的睫毛，深邃無辜的煙燻妝都是流行重點，此外流行勾勒下眼線，畫出有如芭比娃娃的誇張造型，也是流行趨勢，而底妝與唇妝則是要求淡薄與自然。

髮型上，前衛的女孩流行把剪成「匡特」式的五點式髮型，幾何線條很有個性，在60年代末，流行誇張的獅子頭及泡泡頭。另外，嬉皮喜歡的刺青紋身也帶動了臉部彩繪、身體彩繪的流行。

花朵力量活動 (Flower power Movement)

瑪莉 官在設計上採用的白色雛菊塑膠花成為嬉皮們的標誌，代表他們對和平的訴求。此活動組織主張「無限的愛與自由」，反對越戰、反對種族歧視…等社會不平等。

花朵造型充斥在60年代中，不論是花型耳環、印花洋裝、頭頂花環都在60年代大行其道。

■ 六十年代服裝風格

迷你裙的流行

　　60 年代是青少年的年代，年輕稚氣的女孩風取代 50 年代的優雅成熟，**Mary Quant** 順勢帶起了迷你裙的風潮，穿起迷你裙，女孩們看起來像是純真無邪的小女孩，同時也帶動了「**School Girl**」與「**Baby doll**」的流行風潮，在用色上喜歡鮮豔新奇的配色，時尚潮流由 60 年代開始走向年輕化。

School Girl
學院風女孩 (圖右)

Baby Doll
消瘦、平胸是此時對身材的要求 (圖左)

■ 太空熱潮

　　人類積極的向未來探索，試著把不可能變成可能，浩瀚未知的太空世界是這時代豐富的靈感來源之一。金屬材質、塑膠布料第一次運用到服裝上，這樣充滿未來感的宇宙服飾，為60年代帶來天外飛來一筆的創意。

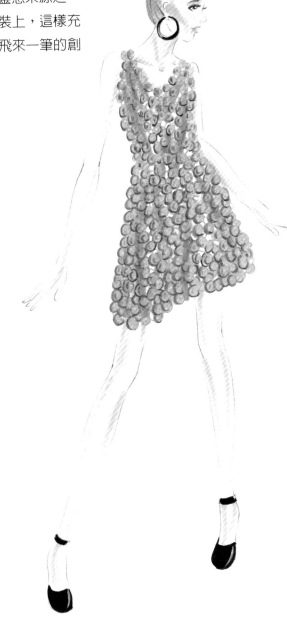

1969 Paco Rabanne
運用鋁片做成的服裝充滿未來感 (圖右)

1960 Pierre Cardin
透明塑膠材質製成的洋裝 (圖左)

■ 普普藝術與歐普藝術

普普藝術（Pop Art）

　　普普藝術是大眾流行文化下的產物，**Andy Warhol**（安迪 沃荷）是普普藝術的代表藝術家，擅長將大眾熟知的事物複製或改造，如：瑪麗蓮夢露。普普藝術為服裝帶入富有大眾趣味的圖案及輕鬆活潑的色彩（圖左）

1960s Emilio Pucci

歐普藝術（Op Art）

　　又稱光效應藝術，利用視覺錯置的現象，造成一種迷幻的色彩效果。在連身褲襪的圖案設計上、布花設計上都被廣為運用。（圖右）

1969年晚裝
此時流行蓬鬆的捲髮，大珍珠耳環（圖右）

五分褲及七分褲的流行（圖左）

■ 六十年代　代表設計師

Yves Saint Laurent　伊夫‧聖‧羅蘭

　　Dior 逝世後，聖 羅蘭以21歲之齡擔任迪奧的設計之職，並且成為巴黎時尚的領軍。不同於迪奧想藉由線條將女人程式化，他認為女人們希望能有不同的模樣，要突顯出自身多樣的美。常由街頭及現代藝術中擷取靈感，希望服裝要與大眾生活密切相關，他設計的高領毛衣、黑夾克、短裙，廣受年輕人及知識分子的喜愛。在60年代時推出了一系列新時裝，著名的「Le Smoking」系列，是取材自男性的燕尾服設計，也是女性穿著褲裝出入正式場合的開始。另外，現代藝術中如：安迪 沃荷、畢卡索、蒙德里安…的作品也常被他運用至服裝上。

1965取材自蒙德里安的畫作

1968 smoking

Mary Quant　瑪莉‧匡特

Quant 的設計順應 60 年代的年輕潮流，非常清純簡潔，充滿青春活潑的氣息。設計的超短迷你裙、熱褲征服了整個 60 年代。在 1963 年成立「活力」公司，以青少年為主要的族群定位，1965 年時風行宇宙裝與迷你裙，她更將短裙提高至膝上四吋，稱為「倫敦裝」，招牌的五點式匡特頭也成為一時之風潮。品牌之後延伸至香水、化妝品、文具、眼鏡、帽子…等，服裝事業隨著迷你裙退燒而沉沒，之後將公司設計業務重心放至化妝品上。（圖右）

1966 Pierre Cardin

1960s Mary Quant

Pierre Cardin　皮爾‧卡登

誕生於義大利威尼斯，曾為Paquin、Elsa、Dior 工作過，本身不僅是一位充滿創意的設計師，同時更是一位精明的生意人，1959年推出量產時裝，打破少量生產的高級時裝慣例，使時裝從此分為兩條路發展，一是大眾皆可穿的（Ready to wear）；二是高級訂製服（Haute Couture）。另外，經由商標及專利權轉讓，從中抽取到龐大的商業利潤，除服裝之外，他授權的範圍包括鐘、玩具…等。在 1964 年推出的香水、時登入月球系列服飾，充滿未來感，（圖左）1979 依據中國建築的「飛簷」來設計高聳的肩部，他的設計十分簡潔洗鍊又走在時代的前端。

Chapters 7

顛覆美學 vs. 龐克搖滾　　*70年代*

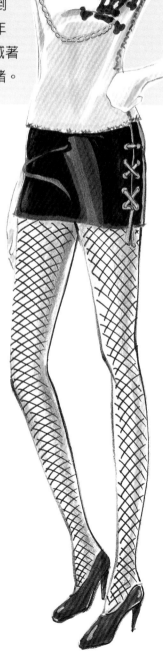

■ 七十年代 時代背景

　　美國反越戰的聲浪持續升高，手段激烈的恐怖組織遍佈，如德國的紅色旅、愛爾蘭共和軍、巴基斯坦解放軍，1972-1973年間爆發的石油能源危機，這些事件使整個70年代處於令人絕望的衰退中，因此，這十年被稱為「令人倒胃的十年」。這十年一樣是年輕人的世代，但是不同於60年代嬉皮宣揚的「愛與和平」的樂觀精神，70年代的龐克族喊著「性與暴力」，要用更激進的手段訴說對這世界的不滿情緒。

■ 龐克精神

　　源於英國倫敦的青少年街頭文化，傳統的美感標準不再被採用，叛逆不羈的年輕人，刻意將頭髮抓成刺蝟般的龐克頭、染上驚人的顏色、在身體各部位穿孔戴環、撕裂的衣服、破爛的裝飾、塗著黑色的指甲油、嘴上還含著奶嘴，此時最好的品味就是壞品味，為反對而反對的顛覆精神，是對這時代的反叛。(圖右)

■ 嬉皮的延續

　　60年代的嬉皮到70年代已是三十多歲的社會中堅，他們漸漸遠離古怪的圖案、繁複的東方裝飾，轉而喜歡上自然的材質、中性好搭配的色彩：如卡其色、灰褐色；選擇適合自我個性的服裝，這種重視個人特色的服裝主張，是源自於60 年的嬉皮精神。

■ Disco 迪斯可文化

　　約翰屈伏塔所主演的「Saturday Night fever」〈週末夜狂熱〉，是70年代Disco風潮的剪影。〈54俱樂部〉在70年代末期成立，它是美國夜生活、迪斯可文化的代表。配合鏡球旋轉的閃亮服飾、喇叭褲、超短熱褲、飄逸的絲綢上衣、亮色大翻領襯衫、大膽俗麗的飾品、方便跳舞的厚底靴，這些都是晚上去Disco舞廳的標準穿著。〈頁圖〉

熱褲與 GoGo Boots

70年代早期，Brash looking

■ 七十年代妝容

彩妝方面，表現很兩極，職業婦女喜歡乾淨合宜的妝扮、不會過於搶眼的色彩、擦透明指甲油；但是夜生活的打扮就完全判若兩人，換成了閃亮的迪斯可風，細細的眉毛；染色睫毛膏刷出濃密的長睫毛；俗艷誇裝的眼妝、珠光唇膏都是當時流行妝扮。唇膏從深紅到黑色都有，眼妝特點是注重立體感的表現。

古銅色的肌膚代表健康、慢跑成為全民運動，身材苗條代表營養均衡，健康的「自然美」是此時的新概念。

「霹靂嬌娃」中的法拉佛西，健康的形象以及招牌高角度瀏海「法拉頭」十分流行，另外受到黑人編髮的影響，流行細編的辮子，並在頭上串彩色小珠。

隨性穿著

　　時尚融合了青少年次文化，品味的高與低，界線曖昧不明。總體來說，**70**年代的穿著風氣是很隨性的，展現的是個人個性與自在的丰采。皮衣、白色Ｔ恤、馬汀大夫鞋、**Levis** 牛仔褲、**Converse** 帆布鞋，在**70**年代流行起來，也成為之後的必備經典單品。

反時裝

　　無論是高級時裝或是廉俗的成衣，在此時經常脫序演出，高級與低廉沒有明顯的界線，怎樣的穿著才是有品味？此時流行的黑色皮夾克，叛逆又有自我個性，很符合時代精神，而率性的牛仔褲，不分階級貧富，男女皆可穿的特性，也在此時大受歡迎。（圖左）

牛仔褲的風行

　　70年代之前，牛仔褲只停留在工人的工作服的印象中，而 **Calvin Klein** 設計了合身女性牛仔褲，讓性感寶貝 布魯克雪德斯穿上，並留下一句經典標語「我和我的**Calvin**之間什麼都沒有」，使牛仔褲躍身成為年輕女孩的性感服飾。

　　牛仔褲從此時起有了更多元的面貌，不再只是單一顏色及形式，有喇叭褲、熱褲、緊身褲...等形式；套色水洗、破洞 等多變的處理技法，成為流行時裝的一份子。

　　70年代中後期流行緊身牛仔褲，女孩得躺在地上才穿得起來。**(圖左)**

■ 女權運動

　　延續 60 年代的女權訴求，70年代的女權運動者發現永遠無法改變男性主導的社會價值觀，因此採取更激進的手段去控訴女權的失落，例如，女記者 Ulrike Meinhof 投身西德恐怖組織「紅色旅」，參予搶劫恐怖炸彈等組織活動，此時的女權問題漸漸由議題成為社會立法保障的內容。

中性穿著

　　「性別倒置」是70年代的特色之一，女生希望展現成熟幹練的形象，喜歡穿西裝、打領帶(頁圖)；男生相反的發現自己也可以有多樣打扮的可能，如「The New York Dolls」樂團、化濃妝、著裙裝、留長髮的裝扮特色。

■ 重新詮釋「美」的定義

中性打扮是美、俗艷的 Disco 是美、龐克的壞品味是美、健康的自然美也是美，女生在白天是幹練的上班族，在夜晚卻搖身一變為性感女郎。70年代是美的實驗室，研究探討不同的美感表現，同時也是追求自我表現的意念展現，和60年代高唱著「無限的愛」的理想主義相比，此時年輕人更關心的是自己，對週遭事物抱持冷漠的態度，因此美國作家 Tom Wolfe 稱此時期的青年人為「為我的一代」。

充滿男人味的軍裝風格，也是
70年代的重點流行元素。(圖右)

30年代的長裙在70年代時有
復甦的跡象。(圖左)

■ 職業婦女的裝扮

職業婦女的穿著是以簡樸、幹練的套裝
為主，沉穩的色彩、過膝的裙長，這樣的穿著
是為了工作，不是為了美麗與時髦。(圖左)

1973年爆發的中東戰爭，使國際間原油供貨緊
縮，油價暴漲，物價也隨之上漲。1974年秋冬裝，
以溫暖的多層次搭配，對抗經濟寒冬。(圖右)

■ 英國時尚出頭

在60年代以前，英國時裝雖然舒適大方、別塑一格，但是並不是歐陸主要的流行設計中心。自從60年代起，Mary Quant 的迷你裙風行全球，英國的設計開始受到矚目，到了80年代，Vivienne Westwood 將龐克風融入高級時尚，自街頭文化中擷取靈感，使英國在國際時裝中，成為非常有特色的一個國家。

英國的時尚總是走的在前端，在70年代初，當其他地區延續嬉皮流行時，英國時尚卻已走上街頭革命，龐克族們大膽的嘗試反時裝，同時成功的引領潮流。

英國倫敦是現在世界主要流行時裝中心之一，也是設計師培育的搖籃，位於倫敦市中心的中央聖馬丁藝術設計學院，培養了許多具有革新精神和高度創造性的設計師，如：John Galliano、Alexander Mcqueen、Stella Mccartney...。

熱褲與清涼性感的裝扮

■ 七十年代 代表設計師

Vivienne Westwood (薇薇安‧魏斯伍德)

　　剛開始接觸服裝是為了幫搞樂團的男友設計表演的
衣服，之後一起開了一家很搖滾的店「**Let it Rock**」接著改
名為「**Too fast to Live，Too yaung to die**」，而後再改名為
「**Sex**」，然後又再改名為「**The end of world**」，由這些店
名可以看出她顛覆反叛的個性、以及對龐克精神的詮釋。

1982年 Buffalo 系列

1987年 馬甲蓬裙

　　被譽為「龐克女王」，是第一位成功將年輕人的次
文化融入到高級時裝之中的設計師。在**70**年代末期，她開
始對歷史產生興趣，並結合她特有的反諷手法，造成一
種衝突的美感，她放蕩不羈敢於挑戰的個性，再加上豐
富的創造力，使她成為一位難以被取代的設計師，至今
依舊是一位很有影響力的設計師。

Chapters 8

為成功而穿著・設計師輩出 *80年代*

■ 八十年代 時代背景

　　80年代處於美蘇冷戰後期，柏林圍牆倒塌、蘇聯及東歐集團瓦解、菲律賓人民革命、中國六四天安門事件、兩伊戰爭、台灣解嚴 等，世界處於一連串的重組與分裂之中。

　　世界人口在 1987 年突破 50 億大關。此時的人口，超過人類歷史的任何一個時期，這些新生兒都是 Baby Boomer 的子女。

　　全球進入以知識為基礎的「新經濟時代」。日經指數在 1989 年突破 30000 點，日圓升值、房地產、股票價格飆高，資本效應使日本進入表象繁華的泡沫化經濟。

　　1985 年世界衛生組織宣佈愛滋病是一種嚴重的流行病。為 60 年代以來的性解放，投下震撼彈。

　　鮮紅的嘴唇、鍛鍊良好的曲線，80年代的女人想要看起來危險又性感。（圖右）

■ 為成功而穿著

80 年代是很物質也很實際的年代，人們拼命賺錢也拼命花錢，工作 12 小時再玩個通宵，是很多人的生活方式。70 年代的叛逆青少年被年紀馴服，到了 80 年代，他們開始想掙錢、想富有、想組織幸福的家庭，所有浪漫與不實際的想法開始褪色。

英國首相 柴契爾夫人及黛安娜王妃的穿著形象，是 80 年的成功女性的典範。厚墊肩的套裝、剪裁精緻的襯衫、合身的裙子、華麗的首飾、低跟鞋，是 80 年代的職業婦女形象，裝扮不是為了時髦與流行，而是為了展現權威與力量成為一個成功的人。（圖左）

雅痞（yappie）指的是住在城市中，年輕的知識分子。雅痞族講究品味及自我生活品質，他們是時尚愛好者，縱慾和消費是生活的樂趣，穿西裝打領帶代表的是事業與格調，喜歡單身或同居不喜歡被束縛，即便結婚也是不想要小孩的頂客族（Dink- double income no kids）。雅痞不分男女，也有不少的雅痞女性，她們追求高薪的工作，樂於把錢花在打扮自己、上健身房；就如同瑪丹娜的＜Material Girl＞中所唱：我是一個物質女孩，我生活在物質世界中。

■ 龐克延續

　　亮漆皮、裝飾卯釘、臉部彩繪在此時繼續流行，而且有更誇張的趨勢。（頁圖）

■ 卡其褲的流行

　　棉質的卡其褲易搭配又舒適，是很多人衣櫃裡必備的單品，嬰兒潮出生的人，此時已是三、四十歲的成年人，經過了叛逆的牛仔褲年代，此時希望看起來更得體，中性休閒的卡其褲在此時成為最佳選擇。　（圖右）

　　70年代的龐克，從叛逆歸順為時尚元素的一部份，高級成衣履履將龐克風帶上時尚伸展台，之前的挑釁的意味如今成為時髦的裝扮（圖左）

■ 八十年代妝容

隨著女性自我意識的抬頭，**80**年代的女性自信、勇於展現自我、甚至有些強悍。長腿、豐胸、細腰、大眼、紅唇，是摩登美女的標準。

彩妝上，流行鮮紅的豐唇、及誇張的眼妝，如藍色眼影。還出現永久性的化妝，如紋眉、紋眼線、唇線。髮型上，高高的瀏海是塑造女強人形象的最佳選擇、同時因為龐克風而流行染髮。

為了維持良好的體態及容貌，健身房及整形手術在此時迅速發展，皮膚科醫生也成為許多時髦女性的重要美容顧問。

雅痞文化，重視的品味是全方位的，服裝是整體造型的一部份，髮型、彩妝、配件也相對重要，女性此時已有能力自己購買珠寶，對珠寶的需求是要能同時因應工作及社交需求，此時首飾設計以華貴大氣為風尚，大型寬版項鍊或單顆大珍珠耳環都很流行。

■ 設計師輩出
義大利時裝

    80年代的服裝設計師紛紛開始走向自創品牌的一條路，這十年，也是揚名立萬的黃金十年。義大利將服裝產業遷移至米蘭，使米蘭成為服裝流行重鎮。

    「3G」-Giorgio Armani、Gianni Versase、Gianfranco Ferre'、是當時義大利時裝的代表，他們同時也都是市場行銷的高手，舉辦大型的舞會、參加大量的社交活動、聘請知名模特兒代言，他們相信運用市場操作的手法，能使設計更成功。

日本設計師崛起

    三宅一生、川久保玲、山本耀司...等日本設計師進軍巴黎時尚伸展台，東風時尚不同於西方的服裝概念，在此時震撼了西方伸展台。

■ 八十年代　代表設計師
Gianni Versase（吉亞尼・凡賽斯）

    凡賽斯對於女神般人體曲線的著迷，使他的設計在性感中流露出情色意味，常常挑戰性感與裸露的界線，此外，十分擅於媒體炒作，使他成為80年代最響亮的名字。同時，他也是一位善用色彩的大師，愛用黃色、紅色、紫色...等鮮豔飽和的色調，穿上凡賽斯的衣服很難不招搖。

1982 Versase

Giorgio Armani（喬治‧亞曼尼）

　　早先是學醫的，可能因為這個原因，使Armani在開始接觸服裝時，就好似一位醫生看病人一樣，重新分析構造並改進，因此Armani的衣服穿起來總是那麼舒適自在。在女裝的設計上，有一種高貴的矜持，從來不會太過矯情，展現出一種成熟優雅的氣質。Amarni的服裝總是合宜的、令人心安的，他對於產品的要求即是塑造優雅大方的形象，以及使用上等的質料。

（圖右）

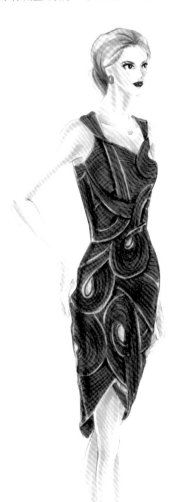

1988 Giorgio Armani

1989 Gianfranco Ferre'

Gianfranco Ferre'

　　Ferre'是學建築出身，但是對時裝領域充滿高度興趣，對他來說，美麗的服裝和建築本質上是相同的，另外，在至印度旅行時，深深體驗到東方的服裝美學，是結合於簡易建築式的線條與色彩，從此對於服裝的線條與比例相當重視，他的設計巧妙融合了剪裁與顏色，使穿著能展現更佳的身型輪廓，FERRE'以簡潔卻十分突出的線條感來架構服裝，視純淨的設計為完美設計的基本原則。因此，展現自信俐落的風采，一直是貫穿整個設計不變的精神。（圖左）

Azzedine Alaïa （阿澤丁・阿萊亞）

　　突尼西亞人，17歲時來到巴黎在姬龍雪（Guy Laroche）當學徒，學習剪裁及設計技巧。擅長運用彈性萊卡面料來展現女性凹凸有致的身形，被譽為「萊卡之王」，能穿上他的衣服的女性，一定是對自己的身材充滿自信。十分性感的曲線，使女生十分感興趣卻又缺乏嘗試的勇氣，但是他高超的剪裁技巧，及對面料使用的突破是很值得被稱許的。（圖右）

1987 Gaultier

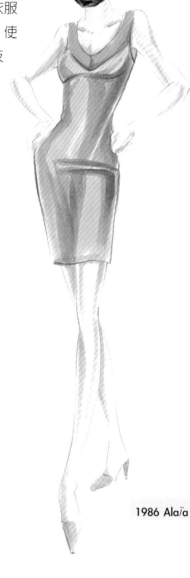

1986 Alaïa

Jean Paul Gaultier （讓・保羅・高第耶）

　　不按牌理出牌的設計方式，使他被喻為「頑童」，為瑪丹娜設計了一款高尖胸罩的造型，帶起了內衣外穿的風潮，另外男生著裙也是由他的帶頭的流行創舉。經典單品有：在絲襪般的緊身細薄布料上印上花紋－「紋身衣」，及他最愛的「水兵條紋」，擅長融合前衛與古典、常取材自民俗及異國情調。高第耶是第一位採用「平實的人」在服裝表演中走秀的設計師，為服裝秀加入了真實的生活氣息。（圖左）

Rei Kawakubo（川久保玲）

　　川久保玲是服裝界的創意先驅，她認為：「只有未被人見過的東西，才值得拿出來展覽」。在80年代時，將布料刻意剪破，這樣破破爛爛的表現手法，被戲稱為乞丐裝。每季的設計發想，都是從零開始，「顛覆」是她一慣的作法，難怪有人說：如果川久保玲停止創作的話，服裝設計就會進入真正的黑暗期。(圖右)

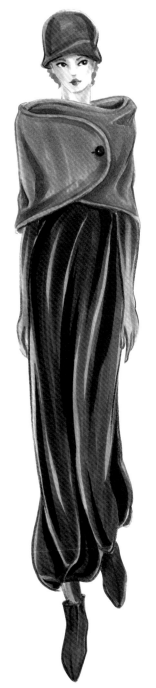

1984 川久保玲 破爛裝

1988 Yohji Yamamoto

Yohji Yamamoto（山本耀司）

　　1981 年在巴黎展出時，剛開始時西方人對於這樣不高雅也不性感的設計感到迷惘，但是其具有東方哲學性的設計內涵，為西方設計帶來新的啟發，逐步成為國際間公認的大師。服裝基本色彩用黑色，對他來說，黑色即是永恆，在色彩繽紛的80年代是個異數，。作品中常帶有反戰、環保、解放等意涵，另外，高明的立裁技巧也是其特色之一，因此，山本耀司的服裝掛在衣架上是很難理解的，要實際穿在身上才能知道它的形狀。(圖左)

Chapters 9

後現代省思 vs. 極簡當道 *90年代*

■ 九十年代 時代背景

德國統一、蘇聯解體、香港回歸，90年代是回歸自由的年代。但是，種族之間的戰爭及恐怖攻擊事件卻層出不窮，非洲盧安達發生種族大屠殺、波斯灣戰爭、日本奧姆真理教在東京地鐵施放毒氣，世界依舊不平靜。

1987年10月19日星期一，當日全球股市在紐約道瓊斯工業平均指數帶頭暴跌下，產生骨牌效應，全面下瀉，稱為「黑色星期一」，隨之而來的是80年代末的經濟衰退。相對於追求物質及享樂的80年代，此時人們開始思考，什麼才是實際需要的，講求合適與實用，是90年代的消費觀點。

在一九七〇年至一九八〇年代出生的青少年，因為經濟起飛，所以生活較富裕，講求個人品味，自我意識強烈，比他們的父輩受到更好的教育，也是享受豐裕的一代，長期生活在優渥的環境，追求輕鬆浪漫的工作，重視外表的光鮮亮麗，比較不喜歡、也不易勝任需要勞力和吃重的工作，就像草莓一樣經不起碰撞，被稱為草莓族，又稱為「X世代」。

1997 Calvin Klein

1998 Helmut Lang

■ 後現代主義思潮

　　「後現代主義」是在**1975**年，由一位厭倦現代主義功能至上的信條的建築家**Charles Jencks**提出的。現代主義追求結構性、將功能與實用擺第一，省去多餘累贅的裝飾；而後現代主義強調人文精神、覺得裝飾物並非多餘，而是可以帶給人們懷舊的樂趣。

　　陸續出土的考古發現，改變了我們對過去的認知；宇宙大爆炸理論、否定了地球可以永遠居住；複製羊桃莉的誕生，讓人類對未來很難預測，知識爆炸的年代，每天都有新的事物被發現或被否決，不論過去或未來，都在變化中，因此對凡事都抱著理性的質疑，用更寬容的心態去接受不同的想法，成為後現代的中心思想。

　　重視生態保育及環境保護、反對皮草、拒絕一致性，強調個體的差異、常用解構、拼貼的手法達到重組及再創造的目的。

Helmut Lang 赫穆特·朗

　　被稱為「奧地利剪刀手」，生活在紐約的奧地利人。喜歡以再造的方式重構服裝，譬如在T恤上黏羽毛、打破穿著習慣、位置錯置，是一位兼具有後現代手法及簡約精神的設計師。(圖左)

1995 Jil Sander

■ 低調奢華 · 極簡風行

　　經濟蕭條、波斯灣戰爭、人口增多、競爭壓力大，人心需要安定與安全感，這些都是極簡主義形成的原因 。另外，因為**80**年代的過度消費，人們發現身邊太多不需要的雜七雜八的東西，簡單的單品容易搭配、好的面料可以使用較久，因此，實用、高品質的設計反而是現在最想要的。

　　此時大多數的女生也喜歡這樣極簡俐落的風格，色彩上偏好自然好配色的原則，就算是名牌服飾，也是簡單不喧嘩，因為好的設計在於設計本身細節的處理及布料質感的表現，「少即是多」是此時的設計哲學。

Jil Sander 極簡風的代表設計師

　　出身於德國，其簡潔內斂的線條在**70**年代時並未引起共鳴，但是到了**90**年代時，就廣受國際間的注意。為了呈現自然俐落的剪裁線條，**Jil Sander**對於服裝材質的選擇，非常講究，採用的顏色多為中性色調，設計風格呈現極簡現代的完美質感。（圖左）

■ Super Model 超級名模

　　超級名模的名詞出現在**90**年代，緣起於**80**年代，設計師喜歡用完美比例的美麗模特兒為產品代言，**Versace** 可為箇中表率，設計師為了擁有專用的權利，紛紛開出屢創新高的價格，使 **Linda Evangelisa**、**Naomi Campbell**、**Christy Turlington** 這三位頂尖模特兒，迅速成為全世界最出名、收入最高的女人，**Linda Evangelisa** 有句名言：「如果一天收入少於一萬美元，不要叫我起床！」可見當時名模受寵的程度。

　　超級名模全盛於**90**年代，消退也在**90**年代，設計師開始覺得名模高價的索費似乎永無邊際，而且名模的光采令設計本身失焦，因此名模熱潮開始消退。

■ 九十年代妝容

　　服飾上的「極簡風」表現在低調的色彩及簡潔的形式上，在彩妝上則呈現了「裸裝」的妝容來相呼應，清透的底妝彷彿是天生的好膚質，髮型則以服貼俐落的直髮為尚。(圖右)

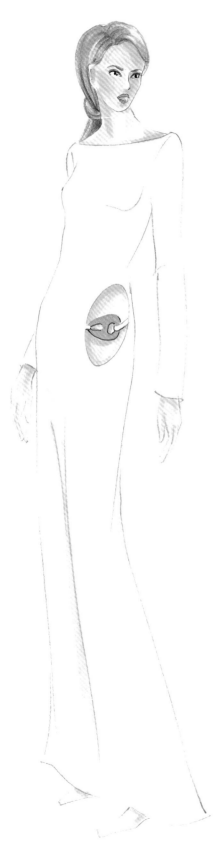

■ 精品集團

「LVHM集團」—從 1988 年開始進行一連串的併購計畫，旗下品牌很多元，包括精品美酒服飾等奢華用品，並買下了 GUCCI35％的股權。服裝品牌有 Louis Vuitton、Loewe、Céline、KENZO、Marc Jacobs、Givenchy、Fendi、Emilio Pucci、Thomas Pink、Donna Karan、Dior

「Gucci集團」— Gucci 這個義大利老品牌在90年代轉型成功。90年代由美國投資集團 Investcorp 取得所有股份，再加上 Tom Ford 擔任創作總監，開創了 GUCCI 嶄新的品牌形象。集團內包含服飾與精品，大部分以義大利精品品牌的居多，服裝品牌有 Gucci、Alexander McQueen、Stella McCartney、Balenciaga、Yves Saint Laurent

後現代主義對差異性的包容，使時尚在此時多了份實驗精神，並且有多元化發展的趨勢。對情感的重視，使賣方不再單純追求產量，而是傾力打造品牌地位，使消費者對商品不僅僅是需求而是渴望。

1996 Gucci

■ 名牌風尚錄

　　網際網路的發達及交通運輸的便捷，使全球資訊零時差，名牌精品店遍布全球，每季新的發表，都可以被快速取得、並造成搶購風潮。**90**年代是品牌發展的全盛時期，「名牌效應」使消費者對品牌忠誠度的提高，企業憑藉著商號信譽，不斷開發新的產品、新的市場，以下分地區列舉一些**90**年代的名牌事典。

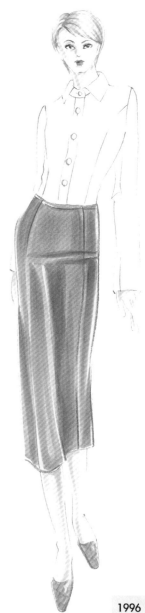

1996 PRADA

1998 Miu MIu

■ 義大利　PRADA

　　創立於**1913**年，是一家經營皮革製品的老店，**1978**年由第三代傳人**Muiccia Prada**接手設計，並將產品主力定位在手提包，而後設計的尼龍包，簡潔耐用，掀起了風潮。**80**年代中開始經營服裝產品，設計靈感來自「制服」，款式典雅簡潔、歷久彌新，目標客戶是大眾，走的是一個非傳統高級時裝的路。**Prada Sport**系列，兼具機能與流行的設計。以設計師小名**Miu Miu**為名的年輕副牌，是設計師童心之作，也擄掠了全世界女孩的心。（頁圖）

GUCCI

GUCCI在創辦時是一家以家族式經營的小型馬鞍及皮具商店，在二次世界大戰、物料短缺的情況下，推出以竹節替代皮革手把的「竹節包」，以及之後以美國前第一夫人賈桂琳為名的「賈姬包」都是其經典商品。老店由於家族的股權之爭，聲勢逐漸下滑，1993年由美國投資集團Investcorp取得所有股份；並在1994年合併為Gucci Group，Tom Ford為其全系列商品創意總監，他成功的將Gucci再造，結合經典與現代的新形象，使GUCCI成為精品品牌轉型與年輕化最成功的範例。（圖右）

1995 GUCCI

GIORGIO ARMANI

GIORGIO ARMANI創立於一九七五年，風格特色在於打破男女陽剛與陰柔的界線，為女裝注入中性風格。好萊塢流行了一句話：「當你不知道要穿什麼的時候，穿ARMANI就沒錯了！」他不過分喧騰的設計，服裝中透著理性沉穩的優雅形態，是許多高階主管、及好萊塢影星們的最愛。品牌旗下的產品類別包括男女服裝、配件、手錶、眼鏡、首飾、香水及化妝品、家居用品。（圖左）

1992 GIORGIO ARMANI

■ *GIANFRANCO FERRÈ*

　　*FERRÈ*在**1978**年推出自創品牌，*FERRÈ* 設計的衣服很有立體感，關注整體結構與形式，用色傾向單純，設計線條精準又優雅。服裝形式多元，包含休閒路線至高級訂製服。**90**年代時極簡主義興起，*FERRÈ* 的飾品也明顯減少，但是為了搭配每一季服裝，*FERRÈ* 還是會固定設計幾款造型單純的巨大手環或項鍊，為簡潔的服裝點出鮮明的主題。目前產品線包含男女裝，鞋履，皮飾、內衣、領帶、文具、手錶等產品，其副牌有*GFF*、*GIANFRANCO FERRÈ JEANS*。**(圖右)**

1992 *Gianfranco FERRÈ*

1998 Missoni

MISSONI

　　1953年時，品牌由**MISSONI**夫妻在米蘭開設的小小編織工作坊開始，是少數以家族經營方式而持續至今的流行品牌，現在由家族中最小女兒**Angela**擔任設計總監一職。最具代表性的是羊毛針織服裝，運用條紋、鋸齒狀圖案、幾何圖形...等不同圖樣，讓針織衫千變萬化，與人體融合成一幅立體畫，而鮮豔多變的色調，更是讓服裝充滿了強烈的色彩美感，**MISSONI**可說是針織圖樣的藝術大師。目前產品線包含男女裝，飾品、香水，副牌**MISSONI SPORT**。**(圖左)**

■ MOSCHINO

　　擅長以幽默的設計表現對世俗的嘲諷，不屑於追逐時尚流
行，他對流行有自己的一套看法：「流行不是少數人的專屬，
而是隨時發生在你生活中的一些小遊戲！」他憑著天生戲謔幽
默的個性，設計出令人莞爾的效果。微笑與和平是他的兩大
主題，反戰、環保都是他的設計訴求。Franco Moschino
以他對生命的熱情，來對現存時裝的權威性質疑。產
品線有男女裝、飾品、內衣、泳裝、香水、眼鏡，品
牌包括 Mo-　　　　schino Couture、LOVE Moschino
、Moschi-　　　　no Cheap and Chic。（圖右）

1998 Dolce & Gabbana

1996 Moschino

DOLCE & GABBANA

　　　　來自西西里島的 DOLCE 與來自威尼斯的 GABBANA 在 1982 年
共組工作室，1985年以 DOLCE & GABBANA 為品牌名稱，進軍國際市
場。服裝強調女性性感的曲線，並融合了男性瀟灑剛毅，塑造出嶄新
性感女神形象，馬甲式背心搭配西裝，是 Dolce & Gabbana 最經典的
造型。在飾品設計上風格華麗引人注目；眼鏡就顯得較為低調復古，
展現出幹練的都會氣質。產品線包含男女裝、飾品、香水、內衣、皮
件、家飾用品，副牌有 D & G 和 J & ANS。（圖左）

■ MAX MARA

創立於**1951**年，產品特色：用料優良、剪裁適度，服裝線條簡潔又充滿時代感，經得起時間的考驗。**MaxMara** 女性的特點：她絕對不會被所買的衣服掩蓋或改變，也不想盲目跟隨潮流，個性自主獨立，形象優雅端莊，白色亞麻襯衫、合身絲質洋裝、喀什米爾羊毛大衣，都是其經典商品。在品牌經營上，**MaxMara** 從不專用任何一名設計師；而是採用短期聘用的政策，在維持品牌精神的架構下，由一組人員共同合作，在創新的同時兼顧整個系列的一致性。（圖右）

1998 TRUSSARDI

1998 MAX MARA

TRUSSARDI

誕生於 **1910** 年，開始是以皮革手套的生產起家，因為品質精良，在**WAR II** 中被指定為軍用手套的製造廠。**1983** 年，**Nicola Trussardi** 在米蘭舉辦第一次個展，便在時裝界一炮而紅。快速成功的經驗使 **Nicola Trussardi** 選擇以行動敏捷、姿態高貴的「獵兔狗」為品牌形象標誌，產品非常講究品質與功能性，專精於新的風格款式、布料及新技術的開發。是個全方位的精品王國，產品線有男女裝、童裝、皮件、香水、太陽眼鏡、家飾品、手錶。（圖左）

■ VERSACE

Gianni Versace 在 1978 年自創品牌，熱衷古文明，以神話中性感美艷的「Medusa 蛇髮魔女」作為品牌象徵。VERSACE 的服裝有一種直接了當的裸露性感，讓女人不吝惜展現好身材，愛用鮮豔的色彩、配件的設計奢華貴氣。1989 年妹妹 Dona-tella 加入設計行列，負責年輕副線 Versus 的設計。1997 年，遭人暗殺於邁阿密自家豪宅前，之後由他生前視為「靈感繆思」的妹妹 Donatella 接手設計，除了原有的性感之外，她更以女性的角度，添加了知性之美。(圖右)

1994 VALENTINO

1994 VERSACE

VALENTINO

創立於 1908 年，是高級成衣中頂級的奢華品牌，代表的是一種羅馬宮廷式的高調奢華，也是最富明星色彩的品牌。最著名的 VALENTINO 紅色晚裝，以優雅純粹的線條、濃烈霸氣的色彩，深深攝服人心，VALENTINO 深信高級時裝需要有眼光及財力的人才能擁有，他毫不諱言的說：我就是專為有錢人做衣服。VALENTINO 在 2007年9月退休。產品線有男女裝、配飾、皮具、珠寶、手錶、眼鏡、香水。(圖左)

■ 法國

CHANEL

　　創立於 1910 年，在巴黎康朋街的一家女帽店；因為 Chanel 的特立獨行、不被古老價值觀束縛態度，創造了許多屬於個人風格的設計符號，如：山茶花、多串珍珠項鍊、假珠寶的運用、TWEED 套裝，至今依舊是品牌的靈魂元素。Karl Lagerfeld 在 1986 年接任 Chanel 設計，第一季時就剪破Chanel雪紡長裙的裙襬，Karl 就如同 Chanel一般，具有叛逆個性和對潮流的敏銳感，帶領 CHANEL 邁向另一個高峰，並延續了 CHANEL 不變的價值。（圖右）

1994 YSL

1993 CHANEL

YVES SAINT LAURENT

　　1962 年離開 DIOR 自立門戶，成立 RIVE GAUCHE 服裝店。常由藝術文化中汲取靈感，創新多變的風格使 YSL 在 70、80 年代引領潮流，更在 1989 年成為第一家發行股票的服飾公司。99 年末期，合夥人Pierre Berg 選擇了與 GUCCI 集團合作，並由 GUCCI 的創意總監 TOM FORD 領導成衣路線設計，Yves Saint Laurent 則繼續主導高級訂製服系列。Yves Saint Laurent 逝世於2008年6月，棺木上覆蓋著法國國旗，帶著時尚界對他的敬意離世。（圖左）

CHRISTIAN DIOR

　　Christian Dior 在 1947 年創立了同名品牌，在 WAR II 後發表的 New Look，以及帶動線條流行的創舉，至今依舊深植人心。現任的 John Galliano 與 Dior 一樣堅持精緻剪裁，並為 Dior 的服裝秀加入了戲劇效果，使每次的新裝發表都成為流行界的矚目焦點。Dior Homme 是旗下的男裝品牌，由法籍設計師 Hedi Slimane 接手，他的設計強調完美的線條，超小尺碼的服裝與清瘦的男模特兒呈現出一種高貴又病態的美感，風靡了全球。（圖右）

1994 CELINE

1994 CHRISTIAN DIOR

CELINE

　　CELINE 最初是以製造童鞋起家，1946 年在法國設立童鞋專賣店，而後開發皮件系列，產品在設計上講求實用及高質感，如製作馬具般一針一線的手工縫製方法，很受歐洲上流社會的喜愛。1969 年，首度跨足至服裝領域，結果一樣大受歡迎！不過到了 90 年代，橫跨一甲子的老品牌也面臨了轉型的壓力，因此在 1996 年時轉入 LVMH 集團，並首次設立了服裝設計師一職，聘請來自美國的 Michael Kors，為 CELINE 開啟新契機。Michael Kors 融合法式優雅和美式休閒，將華麗的材質結合休閒運動的細節，在 90 年代塑造「休閒華麗」的形象，讓這個法國老牌宛如新生，展現出一股新鮮氣息。（圖左）

CHLOÉ

　　品牌名稱取自於希臘故事<達夫尼斯與克羅埃>，描寫的是牧羊少年與美麗女子克羅埃之間的愛情故事。1950 年時在巴黎開設專賣店，以名媛淑女為主要的客源，風格走向浪漫，並帶有一股好女孩的氣質。90 年代初期，在 **Karl Lagerfeld** 的帶領下，*Chloé* 維持者古典浪漫的品牌特色，到了 1998 年時，新聘的年輕設計師 **Sella McCartney**，替*Chloé* 注入了一份女孩的純真，並將品牌的形象年輕化。產品線有：女裝、香水、配件、飾品。（圖右）

1999 *CHLOÉ*

1994 *Hermès*

Hermès

　　在 19 世紀時，*Hermès* 是一間高級馬具店，以生產高級馬鞍聞名，到了 20 世紀，汽車取代馬車，老店急需轉型，第三代傳人**Emile-Mauice** 將品牌定位為「高級皮包商」，他認為名牌的魅力就在於稀少性，因此在大量生產的現代，堅持傳統手工製造，「柏金包」與「凱莉包」皆為其著名商品，此外精緻高貴的絲巾也是經典商品。1998 年開始製作女裝，以旅行裝束為主，風格低調優雅，同時注重機能性與舒適性。（圖左）

BALENCIAGA

　　Balenciaga 感受到時裝已被大量成衣生產的模式所侵蝕，因此 1968 年時結束了服裝的生意，僅存香水產品。到了 1986 年時再度復活，由出身香水品牌「**JEAN PATOU**」的設計師 **Michel Goma** 接掌設計，接任的幾位設計師都成功的再塑品牌魅力，現任女裝首席設計師 **Nicolas Ghesquire** 設計的「機車包」也成為 **Balenciaga** 的代表商品之一，**Nicolas** 本人更於 2006 年入選時代雜誌的「百大代表人物」。2001 年納入 **Gucci** 集團旗下，品牌風格造型精鍊、擅於結構性　　　　　的線條、在每季革命性的潮流感之下又兼具優雅的品　　　　味。(圖右)

1998 Balenciaga

1997 Sonia Rykiel

SONIA RYKIEL

　　　　被譽為「針織女王」。這是一個　　　　**Rykiel** 為自己所需而打造的品牌。1962 年，當 **Rykiel** 懷孕時，她發現找不到合適的柔軟針織衫穿，於是決定開始自行設計，針織衫自此成為她極具代表性的設計。在 1968 年，創立同名品牌，並在巴黎左岸成立專賣店，在 70 年代設計了緊身毛衣，直覺讓她認為合身的針織衫可以令女人更美麗，在設計上，她一直是依照自己的愛好設計，從不盲從潮流，她說：「風格是來自於你內心深處的靈魂」，特立獨行的性格，使她的服裝呈現獨立自主的都會女性特質。(圖左)

AGNE'S B.

1975 年在巴黎開設時裝店，創立個人品牌。agnes b. 的設計低調平實，用色淡雅沉靜、款式簡約舒適，與當時華麗精緻的巴黎時裝截然不同。此外，常常舉辦藝文、環保活動，是一位十分注重藝術與自然的人文設計師。agnes b. 同時也是跨界合作的先驅，與各領域的領導品牌合作結盟，創造更多元化的商品，譬如：1987年時與 L'oreal 共同推出彩妝系列、和法國體育用品老字號 le coq sportif 一同生產公雞球鞋、和日本 SAZABY 共推 agnes b.

1998 AGNE'S B.

voyage 包包、和精工錶的合力創作..等，尤其是手提包商品，不僅堅固耐用、又兼具流行感，一直是人氣商品，經典的開襟外套，平均兩人就有一件，堪稱法國人的名牌制服！(圖右)

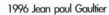

1996 Jean paul Gaultier

JEAN PAUL GAULTIER

1976年時舉辦個人同名服裝發表會，之後與日本最大成衣公司Onword簽立合作契約。他的設計擅長結合古典與前衛、上流與低俗，雖然以荒誕狂放、反傳統著稱，但是並沒有脫離基本的服裝款式，而是加以異材質結合或是用撕裂、解體的破壞性處理，在男裝中加入女性的嫵媚，肯定男性裝扮自己。Karl Lagerfeld給他的評價是：「瀟灑不羈，總是可以找到十分有趣的怪癖」，自己則自稱是"恐怖小孩"。副牌有Junior Gaultier與Gaultier Jeans，也有銷售香水、配件。(圖左)

■ 英國　BURBERRY

創辦人 Thomas BURBERRY 在1880年時發明了一種融合亞麻、棉、毛的材質，防水耐用又透氣，稱為 "Gabardine"，完全符合英國陰晴不定的天氣的需求，一推出即廣受好評。在1924年創作 BURBERRY Check "Nova"，米底，紅、駝、黑和白色交織的格紋，成為品牌經典識別圖案。2001年時在Christopher Bailey 的執掌下，為 BURBERRY Check 加入新色－黑、紅格，並請名模 Kate Moss 和 Stella Tennant 代言，使銷售額倍增，創百年來新高，百年老店躍升為時尚新寵。BURBERRY blue label 和 black label 系列是授權日本設計生產，走向較年輕化，價格也較便宜，僅於日本銷售。（圖右）

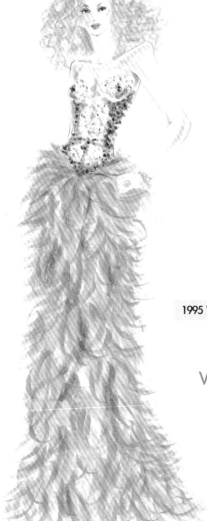

BURBERRY 經典風衣

1995 Vivienne Westwood

VIVIENNE WESTWOOD

以烏托邦星球圖案為品牌標示，經典的蘇格蘭格紋也是特色。設計充滿趣味性及龐克元素，如：標語、殘破、撕裂感、挑逗的性意味…等，常用解構、反差、不規則的手法，來顛覆傳統的結構。這種無畏無懼的精神，擄獲年輕人的認同，是年輕人最喜歡的時尚品牌之一，目前有男女裝、飾品、鞋子、包包、香水。(圖左)

KATHARINE HAMNETT

品牌前衛激進的態度總是能引領時代話題，1984年時，HAMNETT
會見柴契爾夫人時，身上穿著印有 58% Don t want pershing
的T恤出席，表明其反戰立場，「口號T恤」謂為風潮，當
GUCCI還沒推出尖頭高跟鞋時，領先推出像筆一樣尖的鞋款，此
外一直身體力行於環保運動的推行，包括與英國量販店業巨擘
Tesco合作，在斯里蘭卡生產有機棉成衣，2004年推出的全新
Katherine E Hamnett系列，以
organic布料經典復刻經典
slogan tee。品牌產品線有男女
裝、皮件、皮鞋、手錶。（圖
右）

1997 山本耀司

■ 日本 YOHJI YAMAMOTO（山本耀司）

品牌的創意靈感是以「東方哲學思考」為出發點，
作品中流露出淡淡的禪意，其立體裁剪的手法與充滿思
考性的解構線條，為服裝設計帶來一種視覺性的啟發和體
會。他的服裝自成一格不受流行左右，設計中充滿了女性
獨有的優雅氣質，用色偏愛黑灰白之類的無彩色。人們為
他堅持的無色調及蕭瀟的美感醉心不已。Y's 是年輕副
牌，依然延續了具哲學思考的沉靜風格。（圖左）

COMME DES GARÇONS

　　品牌建立於**1969**年東京。川久保玲可說是服裝設計師中的藝術家，設計充滿革命性與啓發性，喜歡用不對稱的剪裁、重疊的線條、加墊再造身體曲線。她說：「我的頭腦是向著日本，但是我的身體在巴黎」，日本傳統美學中不對稱的美、不完整的美，是她設計的美感來源。旗下品牌眾多，有男裝的**HOMME**系列、有年輕輕快的**PLAY**系列，另外也有配件與香水。（圖右）

1996 *COMME DES GARÇONS*

JUNYA WATANABE （渡邊淳彌）

　　1984 年從東京的 **Bunka Fashion College** 畢業後以打版師的職務進入了 *COMME DES GARÇONS*，因其傑出的設計才華，晉升為針織品設計師，**1992** 年時即在 *COMME DES GARÇONS* 旗下建立個人品牌，**2001**年推出男裝系列。在設計上深受川久保玲的影響，一樣具有顛覆的思維與創新的勇氣，突破傳統製作的概念，不受限於於固定的風格手法，每季的新設計都有一種原創的新鮮感。（圖左）

1996 渡邊淳彌

KENZO (高田賢三)

1970 年，在巴黎創建第一家專賣店 Jungle Jap (日本叢林)，並舉辦首次小型時裝展，吸引了 ELLE 總編前來觀看，同時獲得極大欣賞，作品上了《ELLE》的封面，也是第一位打入國際時裝的日本設計師。鮮豔動人的花卉印花是 KENZO 最經典的特色，而純潔少女的形象是設計的出發點。他像一塊海綿，將多種民族文化融合在其設計中，自稱是＂藝術的收　集者＂。KENZO 於1995 年納入 LVMH 集團旗　　　　　　　下，高田賢三在 2000 年宣佈退　　　　　　　　　　休。(圖右)

1994 KANZO

1994 PLEATS PLEASE

ISSEY MIYAKE (三宅一生)

三宅一生 1970 年在東京成立設計室，最著名的設計即是對皺褶布料出神入化的運用，運用不同的褶法與不同的材質，在人體與衣服之間留下褶子變化的空間，產生不同的效果。服裝跨越了既有的型態，賦予布料律動的生命。他認為「時裝沒有固定的樣子，可以依人們想要的樣子去穿著。」上衣可能是褲子，褲子也可能是袋子，無限制的創意空間，讓三宅一生的設計充滿著＂發現＂的驚奇。旗下副牌有PLEATS PLEASE系列，以及年輕的me ISSEY MIYAKE。

1992 RALPH LAUREN

■ 美國
美國時尚的崛起

　　美國沒有像歐洲一樣有著悠久傳統的文化背景，高級時裝長期以來一直是以巴黎為主要採購重心，但是在 WAR II 後，美國成為經濟強國，紐約也成為了另一個文化重心。

　　隨著科技快速發展、都市化的腳步增快，服裝需要更具有功能性、更方便、更實用，紐約快節奏的生活型態是都市生活的代表。美國大眾喜歡舒適休閒的穿著方式，這樣的品味為美國時裝獨立於歐洲時裝之外，開闢出一條新路。

運動時裝潮流

　　美國婦女具有獨立的個性，也積極的參與體育運動和戶外活動，她們喜歡樣式簡單、舒服又可以從早穿到晚的服裝，因此造就了運動服的潮流。從90年代起，一批新的設計師開始加入了運動服裝的設計，如：Calvin Klien、Donna Karan、Ralph Lauren 等人，使運動服飾兼具時尚魅力，也使美國時裝成為一股新潮流。

RALPH LAUREN

　　品牌的設計散發自由舒適的氣息，代表美國富裕的中產階級的品味，也是美國精神的體現。「馬球」是 Ralph Lauren 的標誌，他所設計的 POLO 衫，衣襬前短後長，是為打馬球時往前衝的動作而設計。另外，「美國國旗」標誌及牛仔風是最能表現美國文化，因此格紋棉質襯衫及牛仔布是其經典單品。在他的服裝王國中販售的是一種生活態度，而不追逐潮流，他認為：服裝不應該只有一季的生命。產品線完整，包含男女裝、飾品、家飾、香水。(頁圖)

CALVIN KLEIN

　　1968 年在紐約第七大道創立同名公司，**80**年時與布魯克雪德絲合作的廣告使他聞名全球。設計上偏愛簡潔的線條與無彩色，在極簡當道的**90**年代引領風騷。服裝風格低調奢華、舒適優雅，簡單易搭配，又不會過分搶眼，身為紐約人，**Calvin klein** 很了解忙碌的都市人的需求。副牌有**CK**、**Calvin Klein Jeans**，產品線有男女裝、襪子、內衣、睡衣、泳衣、香水、眼鏡、家飾用品。**(圖右)**

1996 DONNA KARAN

1998 CALVIN KLEIN

DONNA KARAN

　　品牌創立於 **1985** 年，設計很能表現都市的節奏。在中規中矩的職業套裝中展現性感又有個性的一面，可以整日穿著同一件衣服，不會因為變換場合而顯得不得體，極受職業婦女的青睞。黑色是 **Donna Karan** 的最愛，也是她對快節奏大都市生活的體認，其創造了一種從頭到腳的"簡潔七件"理念，以"緊身衣"為核心，可外加外套和變換褲裙。身為一名女性設計師，**DONNA KARAN** 更能由女性的感受出發，線條總是舒適又有女人味；多重搭配的概念，能讓女人游刃於工作、妻子、母親等多重身份之間。品牌在 **2001**年由 **LVMH** 收購，**Karan** 持續擔任品牌的創意總監迄今。**(圖左)**

Chapters ***10***

新世紀時尚進行曲   *21世紀*

- ·21世紀初時代背景
- ·M 型社會－新奢華正在流行
- ·我世代
- ·環保意識高漲
- ·樂活族LOHAS
- ·潮牌
- ·快速時尚流行
  H & M、ZARA、UNIQULO
- ·流行重點整理 06′a/w ~ 09′a/w

■ 21世紀初 時代背景

新興市場的崛起，造成全球經濟板塊的變動。高盛證券經濟研究團隊預言：世界經濟力量將重新洗牌，中國、美國、印度、日本、巴西、俄國將成為新六大經濟體，金磚四國將取代現代工業國；而全球經濟重心，也將由歐美移至亞洲。這是一份重繪全世界經濟地圖的報告，且震撼全球。

2001年發生的911自殺式恐怖攻擊事件，美國四架飛機招劫持，其中二架衝撞紐約世貿中心雙塔，造成近三千人死亡，全球陷入緊繃的飛安危機中，此事件將美國與阿拉伯世界的對立，浮上檯面。

SARS、禽流感、新流感…等新致命疾病，頻頻發生，這些新世紀病毒已經不是抗生素與類固醇就可以控制的，口罩成為生活必需品。

資產「證卷化」使可流動的金融商品已不再限於現金或可立即變現的資產，「債卷」也是一種資產。2007年美國爆發次級房貸風暴，造成全球「金融大海嘯」，這場史上罕見的系統性金融危機，使全球股市、債市、房市三種主要資產齊跌，2008年9月15日，創立逾150年，全美第四大投資銀行雷曼兄弟宣佈破產，毀在自創的金融商品上。

2010 Viven Westwood　以氣候暖化為主題

Haute Couture **奢華的極致**

2008s/s Valentino goodbye show

■ M型社會

日本管理大師大前研一預言，**M**型社會即將來臨，財富不均的狀況將日趨嚴重。未來社會上只有兩種階層：位於頂端的人，會越來越有錢；位於底部的人佔絕大多數，收入是靠辛苦的工作而取得的，奢華的生活很難達到，因此，他們需要的是「新奢華產品」。

價格定位也呈現兩極化，奢侈品將價格，再往上調高，講求個人化、手工感，鎖定超頂級的客戶層；沃爾瑪（**Wal-Mart**）『每日新低價』的策略成功，使打折扣、做特價成為刺激消費的慣用手法。

新奢華正在流行

精品普及化、價值精緻化的消費新主張，沒錢還是想要美，路邊攤也可以穿成名牌貨。網拍及開架式通路，在不景氣之中逆勢成長，消費者希望花小錢，獲得高品質的東西，而製造商願意多花一點成本，加一些創意，將品質提升，以求創造最大利潤。

舊奢華是名詞，與品牌及實物商品相關，新奢華是動詞，與消費者的感官體驗相關。工業時代經濟理論，無法完整詮釋以情感為基礎的消費文化，所謂的「奢華品」即是非絕對必要的商品，當消費者購買任何奢華品時，事實上他們要買的是商品帶來的感覺，賓士車是奢華、**Spa** 是奢華、無拘無束的旅遊也是奢華，〝奢華〞提升到一個新層次，追逐物質也追逐感官享受。

2005 DIOR HOMME

■ 我世代

　　標題源於＜時代周刊＞的專題報導，又稱為"八十後"。所謂"我世代"（Me Generation）指的是中國八十年後出生的年輕人，成長在全球快速數位化及國際化的時代中，他們崇尚物質消費、及時享樂、對周遭環境冷漠。他們也許不曾寫信，但是一定會發 email、用自創的火星文在 MSN 聊天、總是能知道最新鮮的電子產品、願意用真實世界的錢去換網路遊戲的天幣和寶物、靠著宅配服務及外送服務，可以一整天不出門，舒服的在家當個宅男。

　　網路的發達以及「我世代」對網路的依賴，改變了商店與消費著接觸的模式，大小品牌紛紛建立網站與部落格；來增加與顧客的接觸點，並提供消費者在商品之外的資訊，加強其品牌形象集中程度。「我世代」與生俱來的世界觀、人生觀和價值觀，對今後整個世界的發展方向起著決定性的作用。

　　DIOR HOMME 是 DIOR 的男裝品牌，超小碼的尺寸，讓 Karl Lagerfeld 努力甩肉成為時尚型男，其憂鬱神秘的吸血鬼形象、性別曖昧的中性風格、病態頹廢的身形，塑造出纖細又高貴的美型男新形象，謂為風潮。(圖右)

2008 Donna Karan

致力於環保議題的當代設計師

■ 環保意識高漲

　　工業過度發展已超過地球正常的負荷能力，全球暖化造成海平面上升、冰原溶解，暴雨、乾旱、沙漠化的現象擴大，動植物的生長週期產生錯亂。在溫室效應及氣候變遷的影響下，環保成為必須面對的議題。《京都協議書》在 **2005** 年正式生效，其中規定，所有已開發國家的溫室氣體排放量，在 **2008** 年~ **2012** 年間必須比 **1990** 年削減 **5.2%**，「節能減碳」成為各國的政令宣導之一。

樂活族 LOHAS
（Lifestyles Of Health and Sustain-ability）

　　愈來愈多人尋求更健康、更平衡的生活方式，帶起綠色時尚的風潮，如；生機飲食、食用營養補充品、做瑜珈、綠建築、資源回收、使用有機棉…等，重視環保，地球生態永續經營的概念，使環保成為一種新科技。簡樸世代的新生活主張，在未來的潛力是相當被期待的。

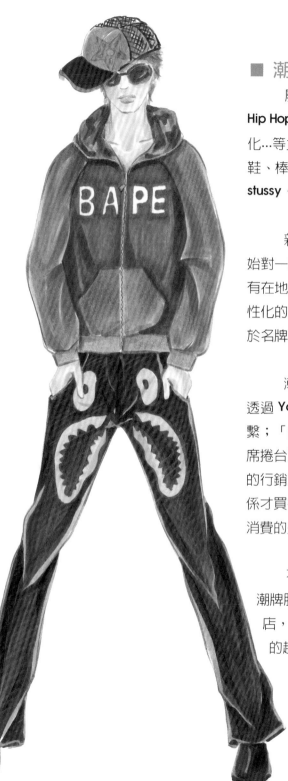

■ 潮牌

　　屬於街頭奢華的潮牌服飾，多關於 **Hip Hop** 、滑板、極限運動、塗鴉、黑人文化...等主題，產品大多是 **T** 恤、短褲、運動鞋、棒球帽、運動錶... 等，譬如來自美國的 **stussy**、代表日本〝裏原系〞的 **BAPE**。

　　新世代成長於精品充斥的時代，卻開始對一昧追逐名牌的行為產生質疑，此時具有在地街頭特色的潮牌服飾，提供他們更個性化的選擇，在潮人心目中潮牌的魅力不小於名牌，同時更具有情感的歸屬感。

　　潮牌在行銷策略上也不同以往，常常透過 **YouTube**、部落格，與粉絲做情感的聯繫；「翻玩」、「跨界」...等潮術語，快速席捲台灣；標榜限量、聯名，又有藝人加持的行銷方式，常常引起排隊風潮，還得靠關係才買得到。潮牌服飾，正在改變全球服飾消費的遊戲規則。

　　不同名牌精品光鮮亮麗的店面展示，潮牌服飾常是隱匿在小街巷弄中的口袋商店，要內行人才知道，這也別有一翻尋寶的趣味在。

■ 快速時尚流行（Fast Fashion）

快速時尚模式打破傳統服裝公司以季為單位的生產模式，其成功的經營模式，成為時尚服飾行業的一大主流業態。

H & M

瑞典的國民品牌，創立於1947年，秉持以最合理的價位，將時尚與品質帶給大眾。H & M 擁有相當快速及完善的物流系統，不成立自己的工廠，透過與超過 700 家的獨立供應商之間的密切合作，用速度和效率，增加市場佔有率，以平均6到12周為一循環，創下 Fast Fashion 的銷售模式。此外，它的促銷點子也十分令人驚奇，譬如與 Karl Lagerfeld、川久保玲、Stella McCartney…等名設計師跨界合作，2008 年時宣布將在 H & M商店推出由虛擬遊戲《模擬市民2》玩家所設計的服裝，並在全球近一千家的 H & M 商店中販售。

2008 川久保玲 x H&M

ZARA

ZARA 是西班牙 Inditex 集團旗下的一個子公司，Inditex 是西班牙排名第一，全球排名第三的服裝零售商。哈佛將 ZARA 評定為歐洲最具研究價值的品牌，一般分析 ZARA 成功的原因在於：強調生產的速度和靈活性，從設計到發送至各地上櫃銷售，最短只有 **7**天，不做廣告也不打折，少量多款，賣完了也不補，這些新策略，使 **ZARA** 晉升為全球百大最有價值品牌之一。

UNIQULO

來自日本的 **UNIQLO**，採用超市型自助購物的商店經營模式，提供 "合理可信的價格、大量持續的供應"，主張休閒服裝本身是沒有個性的，是通過穿著的人才能才能體現個性。**2003** 年時，**UNIQLO** 開始買下 **THEORY**、**NATIONAL STANDARD...**等品牌，並調整其行銷廣告策略，與時尚雜誌合作開發聯名商品、用知名藝人代言、並和其他品牌設計師進行合作，終於在**2004**年成功讓營業額回升成長。

JIL SANDER x UNIQULO 合作的新商品

■ 流行重點整理 06'a/w ~ 09'a/w

2006 A/W流行元素

告別過度女性的裝扮，秋冬的流行呈現的是一種幽暗、低調的「哥德搖滾風」：復古元素、金屬色系、高聳的領形，營造出一種華麗又深沈的美感。另外，拿破崙式的歐風軍裝，高貴的皇族氣質也是此季的表現重點。格紋短褲、雙排釦外套、緊身牛仔褲、風衣式洋裝是此季的熱賣商品，長項鍊、華麗的腰鍊、徽章別針是應時的流行小物。

毛邊設計

軍裝外套

金屬釦

褲鏈

古著風洗舊感

超緊身牛仔褲

高領寶石

金屬光澤

2007 S/S 流行元素

　　此季設計師們不約而同的把裙子向上縮短，**60**年代的迷你風情在此季延燒。設計上去除複雜裝飾，以精簡短小為尚，此外，同樣取材自**60**年代異材質的使用、及帶有未來感的金屬色調、普普風印花。花苞裙、迷你裙、超短褲、**A-Line** 寬鬆上衣、甜美蓬裙，皆是此季代表單品。

髮帶

普普風印花

迷你裙

娃娃裝

金屬未來感

2007 PRADA

2007 LOEWE

2007 A/W 流行元素

　　40年代高腰束腹的套裝與80年代的摩登女性形象,是此季的流行重點,雕塑般的線條,帶出簡潔俐落的美感,紫色、普魯士藍、橘色的點綴讓此季秋冬色彩更豐富。寬版腰帶、俐落套裝、短小的斗篷式外套、長版針織衫、金屬光澤布感、花苞裙、足裸靴是本季代表單品。

多層次搭配

背心

襯衫式洋裝

足裸靴

披風式外套

球形輪廓

2008 S/S 流行元素

這季受到 60 年代到 70 年代風格的影響。塗鴉、插畫似的印花圖案，帶出次文化藝術風，70 年代豐富的色彩及印花元素也在此季大行其道。另外，以 Miu Miu 的遊樂園代表的玩樂風，也為此季注入甜美幸福的氣氛。花苞短褲、內搭褲、彩色長褲，是此季令人印象深刻的單品，有著流蘇、荷葉、民俗花紋的嬉皮風也在此季復活。

星星圖樣

A-Line 短洋裝

內搭褲

足裸靴

高腰線娃娃裝

蓬裙

2008 S/S PRADA

2008 A/W 流行元素

　　此季的印花延續春夏的塗鴉風格，在剪裁上則收起柔美浪漫的曲線，改以建築式俐落的線條取代，另外，嬉皮風也在此季延燒、中性的線條、率性的流蘇，讓這季的時尚帶點酷味。隨意纏繞的長圍巾、格紋毛襪是此季炙手可熱的造型單品。

上寬下窄的線條

緊身褲

嬉皮風

流蘇

2008 ANNA SUI

2009 S/S 流行元素

　　「度假風情」是此季重點主題，熱帶雨林的圖案、鮮豔的花朵、迷你褲、印花洋裝，皆是本季必敗單品。另外，受到低迷的景氣的影響，興起了簡約時尚的風潮，用單純素色單品來突顯服裝本身的剪裁。樂活的生活態度，喜愛自然的材質、清新的色調，帶動淺色休閒流行。

明亮的色彩

寬鬆線條

花卉印花洋裝

夾腳拖

2009 A/W 流行元素

回歸 80 年代。重金屬的龐克搖滾、剛柔並濟的摩登女強人,是此季的表現重點。寬大墊肩、緊身皮褲、卯釘裝飾,是此季的重點流行裝扮。

另外 **Marc Jacobs** 取材自後 80 年代的,寬肩、蓬蓬裙的搭配,營造出細腰豐臀的線條,帶動了一股俏麗的甜美龐克風。

高尖墊肩

卯釘金屬飾品

緊身皮褲

肩部裝飾

蓬裙

2009 A/W Balmain

2009 A/W Louis Vuitton

一.美術.設計

書　號		定價
00001-01	新插畫百科(上)	400
00001-02	新插畫百科(下)	400
00001-06	世界名家插畫專集	600
00001-09	世界名家兒童插畫專集	600
00001-05	藝術.設計的平面構成	380
00001-17	紙 基礎造形.藝術.設計	420
00001-12	時尚產品工業設計	650
00001-10	商業美術設計(平面應用篇)	450
00001-11	廣告視覺媒體設計	400
00001-15	應用美術.設計	400
00001-18	基礎造形	400
00001-22	商標造形創作	350
00001-23	插圖彙編(事物篇)	380
00001-24	插圖彙編(交通工具篇)	380
00001-25	插圖彙編(人物篇)	380
00001-28	版面設計基本原理	480
00001-29	D.T.P(桌面排版)設計入門	480
ZA0182-	紙器(包裝造形設計)	400
X0001-	印刷設計圖案(人物篇)	380
X0002-	印刷設計圖案(動物篇)	380
X0003-	圖案設計(花木篇)	350
X0015-	裝飾花邊圖案集成	450
X0016-	實用聖誕圖案集成	380

二.POP設計

書　號	書　　　　名	定價
00002-03	精緻手繪POP字體3	400
00002-04	精緻手繪POP海報4	400
00002-05	精緻手繪POP展示5	400
00002-06	精緻手繪POP應用6	400
00002-08	精緻創意POP字體8	400
00002-09	精緻創意POP插圖9	400
00002-10	精緻創意POP畫典10	400
00002-13	POP設計叢書1POP廣告(理論&實務)	400
00002-14	POP設計叢書2POP廣告(麥克筆字體篇)	400
00002-15	POP設計叢書3POP廣告(手繪創意字篇)	400
00002-18	POP設計叢書4POP廣告(手繪POP製作篇)	400
00002-22	POP設計叢書5POP廣告(店頭海報篇)	450
00002-21	POP設計叢書6POP廣告(手繪POP字體)	400
00002-26	POP設計叢書7POP廣告(手繪海報設計)	450
00002-27	POP設計叢書8POP廣告(手繪軟筆字體)	450
00002-17	POP設計字體篇POP正體字學1	450
00002-19	POP設計字體篇POP個性字學2	450
00002-20	POP設計字體篇POP變體字學3基礎篇	450
00002-24	POP設計字體篇POP變體字學4(應用篇)	450
00002-31	POP設計字體篇POP創意字學5	450
00002-23	海報設計1海報祕笈(學習海報篇)	450
00002-25	海報設計2海報祕笈(綜合海報篇)	450
00002-28	海報設計3海報祕笈(手繪海報篇)	450
00002-29	海報設計4海報祕笈(精緻海報篇)	450
00002-30	海報設計5海報祕笈(店頭海報篇)	500
00002-32	海報設計6海報祕笈(創意海報篇)	450
00002-34	POP高手系列1POP字體(變體字1)	400
00002-33	POP高手系列2POP商業廣告	400

書　號		定價
00002-35	POP高手系列3POP廣告實例	400
00002-36	POP高手系列4POP實務	400
00002-39	POP高手系列5POP插畫	400
00002-37	POP高手系列6POP視覺海報	400
00002-38	POP高手系列7POP校園海報	400

三.室內設計.透視圖

書　號	書　　　　名	定價
00003-01	藍白相間裝飾法	450
00003-03	名家室內設計作品集 (大8K)	600
00003-04	室內設計製圖實務與圖例(精裝)	650
00003-05	室內設計製圖	400
00003-06	室內設計基本製圖	350
00003-07	美國最新室內透視圖表現技法1	500
00003-08	展覽空間規劃	650
00003-09	店面設計入門	550
00003-10	流行店面設計	450
00003-11	圖解式流行餐飲店設計	450
00003-12	居住空間的立體表現	500
00003-13	精緻室內設計	800
00003-14	室內設計製圖實務	450
00003-01	藍白相間裝飾法	450
00003-03	名家室內設計作品集 (大8K)	600
00003-04	室內設計製圖實務與圖例(精裝)	650
00003-05	室內設計製圖	400
00003-06	室內設計基本製圖	350
00003-07	美國最新室內透視圖表現技法1	500
00003-08	展覽空間規劃	650
00003-09	店面設計入門	550
00003-10	流行店面設計	450
00003-11	圖解式流行餐飲店設計	450
00003-12	居住空間的立體表現	500
00003-13	精緻室內設計	800
00003-14	室內設計製圖實務	450
00003-18	室內設計配色手冊	350
00003-19	百貨公司的內裝設計	550
00003-21	休閒俱樂部.酒吧與舞台設計	1200
00003-22	室內空間設計	500
00003-23	櫥窗設計與空間處理(平)	450
00003-24	博物館&休閒公園展示設計	800
00003-25	個性化室內設計精華	500
00003-26	室內設計&空間運用	1000
00003-27	萬國博覽會&展示會	1200
00003-33	居家照明設計	950
00003-34	商業照明-創造活潑生動的公共空間	1200
00003-39	室內透視繪製實務	600
00003-40	家居空間-設計與快速表現	450
00003-41	室內空間徒手表現	600
00003-42	室內.景觀空間設計繪圖表現法	480
00003-43	徒手畫-建築與室內設計	580
00003-44	室內空間透視圖-設計表現實例	520
Z0308-	羅啟敏室內透視圖表現2	500
Z0329-	商業空間-辦公室.空間.傢俱和燈具(特價)	499
Z0330	商業空間-酒吧.旅館及餐館(特價)	499
Z0331-	商業空間-商店.巨型百貨公司及精品(特價)	499

郵撥帳號：0510716-5　郵撥戶名：陳偉賢
TEL：02-2920-7133　FAX：02-2927-8446
地址：台北縣中和市中和路322號8樓之一

四.圖學

書 號	書　　名	定價
0004-01	綜合圖學	250
0004-02	製圖與識圖	280
0004-04	基本透視實務技法	400
0004-05	世界名家透視圖全集(大8K)	600
0260-	視覺設計叢書3設計圖學(基礎篇)	300
0264-	視覺設計叢書4設計圖學(進階篇)	300
0265-	透視圖技法解析	400
0495-	實用製圖與識圖	240

五.色彩.配色

書 號	書　　名	定價
0005-01	色彩計劃(新形象)	350
0005-02	色彩心理學-初學者指南	400
0005-03	色彩與配色(普級版)	300
0005-04	配色事典(1)集	330
0005-05	配色事典(2)集	330
0003-07	美國最新室內透視圖表現技法1	500

六.行銷.企業識別設計

書 號	書　　名	定價
0006-01	企業識別設計	450
0006-02	商業名片(1)	450
0006-03	商業名片(2)創意設計	450

七.造園.景觀

書 號	書　　名	定價
0007-01	造園景觀設計	1200
0007-02	現代都市街道景觀設計	1200
0007-05	最新歐洲建築外觀	1500
0007-06	觀光旅館設計	800
0007-07	建築藝術-景觀設計實務	850
0070-	環境景觀識別設計II	1050

八.繪畫技法

書 號	書　　名	定價
00008-01	基礎石膏素描	400
00008-02	石膏素描技法專集	450
00008-03	繪畫思想與造形理論	350
00008-04	魏斯水彩畫專集	650
00008-05	水彩靜物圖解	400
00008-06	美術技法叢書1油彩畫技法	450
00008-08	美術技法叢書3風景表現技法	450
00008-09	石膏素描表現技法4	450
00008-10	水彩.粉彩表現技法5	450
00008-11	描繪技法6	350
00008-12	粉彩表現技法7	400
00008-13	繪畫表現技法8	500
00008-14	色鉛筆描繪技法9	400
00008-15	油畫配色精要10	400
00008-16	鉛筆技法11	350
00008-17	基礎油畫12	450
00008-18	世界名家水彩(1)大8K	650
00008-20	世界名家水彩(3)大8K	650
00008-22	世界名家水彩(5)大8K	650

書 號	書　　名	定價
00008-23	壓克力畫技法	400
00008-24	不透明水彩技法	400
00008-25	新素描技法解說	350
00008-26	畫鳥.話鳥	450
00008-27	噴畫技法	600
00008-28	當代彩墨繪畫技法 (附繪畫教學光碟)	550
00008-29	人體結構與藝術構成(第四版)	1300
00008-30	藝用解剖學(平裝)	350
00008-31	鉛筆素描真簡單	390
00008-32	千嬌百態	450
00008-33	世界名家油畫專集(大8K)	650
00008-35	芳菲傳馨 吳士偉水墨畫集	600
00008-38	美術繪畫1實用繪畫範本	450
00008-37	美術繪畫2粉彩畫技法	450
00008-39	美術繪畫3油畫基礎畫法	450
00008-45	美術繪畫4水彩技法圖解	450

書 號	書　　名	定價
00008-68	美術繪畫5水彩靜物畫	400
00008-41	水彩拼貼技法大全	650
00008-42	人體之美實體素描技法	400
00008-44	噴畫的世界	500
00008-46	技法1鉛筆畫技法	350
00008-47	技法2粉彩筆畫技法	450
00008-48	技法3沾水筆.彩色墨水技法	450
00008-49	技法4野生植物畫法	400
00008-50	技法5油畫質感表現技法	450
00008-57	技法6陶藝教室	400
00008-59	技法7陶藝彩繪的裝飾技巧	450

書 號	書　　名	定價
00008-51	如何引導觀畫者的視線	450
00008-52	人體素描-裸女繪畫的姿勢	400
00008-53	大師的油畫秘訣	750
00008-54	創造性的人物速寫技法	600
00008-55	壓克力膠彩全技法-從基礎到應用	450
00008-56	畫材百科	500
00008-58	繪畫技法與構成	450
00008-60	繪畫藝術	450
00008-62	GIRLS' LIFE美少女生活插畫集	450
00008-63	軍事插畫集	500
00008-64	品味陶藝專門技法	400
00008-65	中國畫技法(CD/ROM)	500
00008-66	精細素描	300
00008-69	超素描教室簡易學習法	300
00008-70	油畫簡單易懂的混色教室	380
00008-71	藝術讚賞(附光碟)	250
00008-72	水墨山水畫快速法	380
00008-73	水粉畫技法	480
00008-74	繪畫技法系列1乾筆技法大全	520
00008-75	繪畫技法系列2素描技法大全	520
00008-76	繪畫技法系列3動畫繪製大全	650
00008-77	繪畫技法系列4油畫技法大全	520
00008-78	繪畫技法系列5粉彩技法大全	520
即將出版	繪畫技法系列6-工業設計繪圖	650

書 號	書　　名	定價
00001-16	插畫藝術設計	400
X0005-	精細插畫設計	600
X0006-	透明水彩表現技法	450
X0008-	最新噴畫技法	500

郵撥帳號：0510716-5　　郵撥戶名：陳偉賢
TEL：02-2920-7133　　FAX：02-2927-84
地址：台北縣中和市中和路322號8樓之

九.廣告設計.企劃

書　號	書　　　　　名	定價
00009-03	企業識別設計與製作	400
00009-05	實用廣告學	300
00009-12	廣告設計2-商業廣告印刷設計	450
00009-13	廣告設計3-包裝設計點線面	450
00009-15	廣告設計5-包裝設計	450
00009-16	被遺忘的心形象	150
00009-18	綜藝形象100序	150
00006-04	名家創意系列1識別設計	1200
00009-20	名家創意系列2包裝設計	800
00009-21	名家創意系列3海報設計	800
00009-22	視覺設計-啟發創意的平面設計	850

十.建築房地產

書　號	書　　　　　名	定價
00010-02	建築環境透視圖	650
00010-04	建築模型-製作紙面模型	550
00010-03	實戰寶典9-營建工程管理實務	390
00010-06	美國房地產買賣投資	220
00010-20	寫實建築表現技法	400
00010-64	中美洲-樂園貝里斯	350

十一.手工藝DIY

書　號	書　　　　　名	定價
00011-05	紙的創意世界-紙藝設計	600
00011-07	陶藝娃娃	280
00011-08	木彫技法	300
00011-09	陶藝初階	450
00011-10	小石頭的創意世界(新版)	380
00011-11	紙黏土叢書1-紙黏土的遊藝世界	350
00011-16	紙粘土叢書2-紙粘土的環保世界	350
00011-12	彩繪你的生活	380
00011-13	紙雕創作-餐飲篇	450
00011-14	紙雕創作1-紙雕嘉年華	450
00011-15	紙黏土白皮書	450
00011-19	談紙神工	450
00011-18	創意生活DIY(1)美勞篇	450
00011-20	創意生活DIY(2)工藝篇	450
00011-21	創意生活DIY(3)風格篇	450
00011-22	創意生活DIY(4)綜合媒材篇	450
00011-22	創意生活DIY(4)綜合媒材篇	450
00011-23	創意生活DIY(5)札貨篇	450
00011-24	創意生活DIY(6)巧飾篇	450
00011-26	DIY物語(1)織布風雲	400
00011-32	紙藝創作系列1-紙塑娃娃(回饋價)	299
00011-33	紙藝創作系列2-簡易紙塑	375
00011-46	黏土花藝-超輕黏土與樹脂土	380
00011-47	歐風立體紙雕	390
00011-51	卡片DIY1-3D立體卡片1	450
00011-52	卡片DIY2-3D立體卡片2	450
00011-57	創意生活1 創意無所不在	280
00011-60	個性針織DIY	450
00011-61	織布生活DIY	450
00011-62	彩繪藝術DIY	450
00011-63	花藝禮品DIY	450

書　號	書　　　　　名	定價
00011-64	節慶DIY系列1聖誕饗宴(1)	400
00011-65	節慶DIY系列2聖誕饗宴(2)	400
00011-66	節慶DIY系列3節慶嘉年華	400
00011-67	節慶DIY系列4節慶道具	400
00011-68	節慶DIY系列5節慶卡麥拉	400
00011-69	節慶DIY系列6節慶禮品包裝	400
00011-70	節慶DIY系列7節慶佈置	400
00011-76	親子同樂系列1童玩勞作(特價)	280
00011-77	親子同樂系列2紙藝勞作(特價)	280
00011-78	親子同樂系列3玩偶勞作(特價)	280
00011-80	親子同樂系列4環保勞作	280
00011-79	親子同樂系列5自然科學勞作(特價)	280
00011-83	親子同樂系列6可愛娃娃勞作(特價)	299
00011-84	親子同樂系列7生活萬象勞作(特價)299元	299
00011-75	休閒手工藝系列1鉤針玩偶	360
00011-81	休閒手工藝系列2銀編首飾	360
00011-82	休閒手工藝系列3珠珠生活裝飾(特惠價299)	299
00011-85	休閒手工藝系列4芳香布娃娃	360
00011-86	兒童美勞才藝系列1趣味吸管篇	200
00011-87	兒童美勞才藝系列2捏塑黏土篇	280
00011-88	兒童美勞才藝系列3創意黏土篇	280
00011-89	兒童美勞才藝系列4巧手美勞篇	200
00011-90	兒童美勞才藝系列5兒童美術篇	250
0011-100	兒童美勞才藝系列6兒童色鉛筆	250
00011-91	快樂塗鴉畫1陸地動物	280
00011-92	快樂塗鴉畫2植物＊昆蟲	280
00011-93	快樂塗鴉畫3海空生物	280
00011-93	快樂塗鴉畫3海空生物	280
00011-93	快樂塗鴉畫3海空生物	280
00011-93	快樂塗鴉畫3海空生物	280

00011-93	快樂塗鴉畫3海空生物	280
00011-93	快樂塗鴉畫3海空生物	280
00011-93	快樂塗鴉畫3海空生物	280
00011-93	快樂塗鴉畫3海空生物	280
00011-94	快樂塗鴉畫4生活萬物	280
00011-95	手創生活1鋁線與金屬-創意輕鬆做	299
00011-96	手創生活2紙黏土勞作-創意輕鬆做	299
00011-97	手創生活3自然素材-創意輕鬆做	299
00011-98	手創生活4瓶罐與牛奶盒-創意輕鬆做	299
00011-99	手創生活5手機的裝飾-創意輕鬆做	299
0011-101	手創生活6室內生活佈置	350
0011-102	手創生活7風格佈置	350
0011-103	手創生活8庭院佈置	350
0011-104	手創生活9餐廳與廚房佈置	350
00016-01	做一個漂亮的木樺	580
00016-02	沒落的行業-木刻專集	400

十二.幼教設計

書　號	書　　　　　名	定價
00012-01	創意的美術教室	450
00012-02	最新兒童繪畫指導	400
00012-04	教室環境設計	350
00012-06	教室環境設計1人物篇	360
00012-07	教室環境設計2動物篇	360
00012-08	教室環境設計3童話圖案篇	360

郵撥帳號：0510716-5　　郵撥戶名：陳偉賢
TEL：02-2920-7133　　FAX：02-2927-8446
地址：台北縣中和市中和路322號8樓之一

十二.幼教設計

書　號	書　　　　　名	定價
00012-09	教室環境設計4創意篇	360
00012-10	教室環境設計5植物篇	360
00012-11	教室環境設計6萬象篇	360
00012-12	教室佈置系列1教學環境佈置	400
00012-13	教室佈置系列2人物校園佈置(1)	180
00012-14	教室佈置系列3人物校園佈置(2)	180
00012-15	教室佈置系列4動物校園佈置(1)	180
00012-16	教室佈置系列5動物校園佈置(2)	180
00012-17	教室佈置系列6自然萬象佈置(1)	180
00012-18	教室佈置系列7自然萬象佈置(2)	180
00012-19	教室佈置系列8幼兒教育佈置PART1	180
00012-20	教室佈置系列9幼兒教育佈置PART2	180
00012-21	教室佈置系列10創意校園佈置	360
00012-22	教室佈置系列11佈置圖案百科	360
00012-23	教室佈置系列12花邊告欄佈置	360
00012-29	教室佈置系列13紙雕花邊應用(附光碟)	360
00012-30	教室佈置系列14花邊校園海報(附光碟)	360
00012-31	教室佈置系列15趣味花邊造型(附光碟)	360
00012-03	幼教教具設計1教具製作設計(平裝)	360
00012-24	幼教教具設計2摺紙佈置的教具	360
00012-26	幼教教具設計3有趣美勞的教具	360
00012-27	幼教教具設計4益智遊戲的教具	360
00012-28	幼教教具設計5節慶活動的教具	360
00012-25	教學環境佈置1花卉植物篇	400
00012-32	教學環境佈置2昆蟲動物篇	400

十三.攝影

書　號	書　　　　　名	定價
00013-01	世界名家攝影專集(1)	650
00013-03	世界自然花卉	400
00013-11	完全攝影手冊完整的攝影課程	980
00013-12	THE35MM現代攝影師指南	600
00013-13	專業攝影系列-婚禮攝影	750
00013-14	專業攝影系列-攝影棚人像攝影	750
00013-15	電視節目製作-單機操作析論	500
00013-16	感性的攝影技巧	500
00013-17	快快樂樂學攝影	500
00013-18	電視製作全程記錄-單機實務篇	380
00013-19	攝影疑難診斷室	500
00013-20	特定景物攝影技巧	500
00013-21	增強光色效果的攝影術	400

十四.字體設計

書　號	書　　　　　名	定價
00014-01	英文.數字造形設計	800
00014-02	中國文字造形設計	250
00014-03	中英文美術字體設計	250
00014-05	新中國書法	700

十五.服裝.美容.髮型設計

書　號	書　　　　　名	定價
00015-01	服裝打版講座	350
00015-05	衣服的畫法-便服篇	400
00015-07	基礎服裝畫(北星)	350
00015-10	美容美髮專書1美容.美髮與色彩	420
00015-11	蕭本龍e媚彩妝美學	450
00015-12	臉部視覺美學造型	780
00015-13	服裝打版放縮講座	350
Z1508-	T-SHIRT噴畫過程及指導(特價)	299

十六.中國美術.藝術欣賞

書　號	書　　　　　名	定價
00016-05	陳永浩彩墨畫集	650

十七.電腦設計

書　號	書　　　　　名	定價
00001-21	商業電腦繪圖設計	500
00017-02	電腦設計-影像合成攝影處理	850
00017-03	電腦數碼成像製作	1350
00017-04	美少女CG網站	450
00017-05	神奇的美少女CG世界	500
00017-06	美少女CG電腦技巧實力提升	450

十八.西洋美術.藝術欣賞

書　號	書　　　　　名	定價
00004-	06西洋美術史	300
00004-07	名畫的藝術思想	400

★ 新形象‧服裝設計系列叢書

時尚服裝設計

新世紀的時尚流行趨勢
Fashion Design
Drawing Courses

出版者	新形象出版事業有限公司
負責人	陳偉賢
地址	台北縣中和市235中和路322號8樓之1
電話	(02)2920-7133
傳真	(02)2927-8446

作者	劉慧瓏
執行企劃	陳怡任
美術設計	詹淑柔
封面設計	ELAINE
發行人	陳偉賢
製版所	興旺彩色印刷製版有限公司
印刷所	利林印刷股份有限公司

總代理	北星文化事業股份有限公司
地址/門市	台北縣永和市234中正路462號B1
電話	(02)2922-9000
傳真	(02)2922-9041
網址	www.nsbooks.com.tw
郵撥帳號	50042987北星文化事業有限公司帳戶
本版發行	2010 年 3 月 第一版第一刷
定價	NT$490元整

行政院新聞局出版事業登記證/局版台業字第3928號

經濟部公司執照/76建三辛字第214743號

時尚服裝設計： /新世紀的時尚流行趨勢＝
Fashion design drawing courses/劉慧瓏
著.--第一版.-- 台北縣中和市：新形象，
2010.03
　　面 ： 　公分--（新形象.服裝設計系列叢書）
　　ISBN 978-986-6796-08-1(平裝)
　1.服裝 2.服裝設計 3.插畫 4.歷史
423.09　　　　　　　　99000475